納得しない人のための

微分・積分学(再)入門

山﨑 洋平 著

現代数学社

まえがき

本書の目的を一言でいえば素人の素朴な疑問に対して玄人の通り相場ではぐらかされたという印象を与えることなく返答することである．

本書の対象である解析学（またの名を微分積分学）が現代社会を支える科学技術の基本であることはそれに携わる人々にとって常識であり，一般人でもそのことを自覚する人は多い．またその所産は生活のあらゆるところに溶け込んでいて，仮にそれに背を向けようにも実行するのは古の世捨て人以上に困難である．かくも重要な科目であるが，その正確な習得は容易ではなく，楽観的な思い込みに基づく議論がひきもきらない．その典型例が「広義積分と極限の交換」である．数学サイドでは「広義積分」という不完全な体系を脱して「ルベーグ積分」の世界で処理すれば解決する…と往々にして説明される．

そのルベーグ積分の収束定理では「優関数条件」が要求されるが，この前提条件をみたさない設定でこの定理を適用する「横着な」ユーザーが後を絶たない…と専門家は顔をしかめる．実際にはそんな計算結果の多くが「たまたま正しい」値に符合しているのだが，そういう「たまたま」の符合を組織的に説明する理論は提示されていない．一方でこういった楽観的な議論には反例がついているのだが，いかにも作為的で迫力に欠ける．因みにこういった反例を軽視する理屈付けらしきものは想像に難くない．そこで周到に作為臭を払拭した上で結果が合わないようにした例を「たまたま正しい」計算をしていそうな人々に見せると，間違い計算であることが腑に落ちないという反応を示す．

人それぞれに言い分もあろうが，「横着な」計算結果の多くが「たまたま正しい」という現状を見ると数学サイドの人間として忸怩たる思いがする．ユーザーの関心は計算値が結果論的に正しいかどうかにあって，計算手段が由緒正しいとみなされているかどうかにはない．「由緒正しくない計算はどうも合っていない」と思われてこそ，人はその由緒に依拠しようとするのである．本書執筆の大きな動機はここにある．

ところで「解析学」は「完備な実数体」上のいささかデリケートな議論

の上に構成されており，「ルベーグ積分」に至ってはかなりの辛抱を要する．それでも本来の要求に応えるものであれば我慢すべきだという言い分に説得力が出てくるのだが，陳述成立のためというより定番どおりの証明が成立するための要請である「優関数条件」を外せない「解決」が百年来続いている以上は解析学の基盤を見直すことも考えねばなるまい．その一環として本書では次のような点にも改善の要を見いだすものである．

1　類似概念が錯綜していて必然性が読み取りにくい
2　n 変数の理論を $n=1$ に制限したものと 1 変数の理論がずれている
　また，C^0 級の範疇では「長さ有限」があって「面積有限」がない
3　抽象的な「存在」が証明の根拠となっていて実行には結びつかない

こういうことを考えた先人はいくらもいたに相違ない．少々の工夫によって見晴らしがよくなるというのなら，それはすでになされていたであろう．知識の体系は時系列の制約を受け，その時点で認定されていた内容のみが信憑性を帯びる．それ故に「解析学とはこんなものだ」と得心した空気が漂って定説を醸し出しているが，定説の役割はあくまでその時点での信憑性に尽きる．一方で人が素朴に認識することがらについて簡明で整合性のある解明を希求するのは誰一人止めることのできない正当な動機である．本書の目的は人々が普通に実行している素朴な計算が正しいか否かを峻別する簡明な方法を打ち立てることにあって，そのためには概念構成を抜本的に見直すことも辞するわけにはいかない．それ故に，これまでのものに慣れ親しんだ人ほど違和感を覚えるに相違ないし，このような旧来発想との違いは「実数論」にまで及んでいる．

このように，本書ではすべての概念の論理構成が洗い直されることになった．洗い直しの手始めが関数の「極限」と「連続性」である．その違いを感覚的に比較すれば次のようになる．

極　限：x が a 以外の a に近い値をとるとき，$f(x)$ は A をも含めた意味で A に近い値をとる

連続性：x が a をも含めた意味で a に近い値をとるとき，$f(x)$ は $f(a)$ をも

含めた意味で $f(a)$ に近い値をとる

「極限」におけるこの首尾不統一は合成の不自由さとしてはねかえってくる．このため，本書では敢えて「極限」ではなく「0 次連続性（有界集合上の一様連続性）」に基本をおくことにした．それから，微分については「微分可能」と「C^1 級」，「偏微分可能性」と「全微分可能性」と「C^1 級」およびその繰り返しといった混乱しやすい議論を避け，「m 次連続（旧来の解釈で有界閉集合上では「C^m 級」と同義）」に一元化した．また，関数・数列の一様収束性なども一般的な定義域をもつ関数の「0 次連続性」と捉えることにした．このように多種多様な概念を再編成して，より根本的な概念に重要な意味付けを加えた．

要するに本書では「旧来の筋書きから如何に微調整で済ませるか」よりも，「より基本から・より単純に如何にして道筋をつけるか」という姿勢で臨んでいる．そのためには定義域の一般化を必要としたが，入門者がとりあえず旧来的な意味の閉区間や閉領域上のことと思って読み進み，後にそれが一般集合上のことであることに気付いて再読したとしても何の不都合もない．そして計算力を増進するため他の演習本も利用するのは概念の相違に注意した上であれば有用といえよう．

目　　次

第０章　論理記号と初等関数の微積分

第１章　関数の０次連続性と極限

第２章　１変数関数の微分

第３章　擬区間上の関数の微分

第４章　多変数関数の微分

第５章　広さと積分

第６章　曲線と曲面

第７章　変動過程、積分の連続性と累次積分

第８章　広義積分

第９章　向き付きの広さと積分

第∞章　実数論

第 0 章
論理記号と初等関数の微積分

0-1 論理記号

数学の文を把握したり記述したりするに当たって，実はそこに展開される論理の様式化が重要になってくる．そこでそのあたりの事情から解説してみよう．まずは先ほど挙げた連続性の定義を題材に解説する（この際，中等教育で用いられる牧歌的な表現にしてみよう）：

x が a にどんどん近づくと，$f(x)$ は $f(a)$ にどんどん近づく．

これくらいのことで済んでいればハッピーなのであるが，数学はもっと際どいことに首を突っ込まなければならなくなり，この文の意味を掘り下げる必要が出てきたのである．「どんどん」はその気にさせる誘い文句に過ぎず「しぶしぶ」ではだめだという理由はない．「x と a が十分近いときは必ず $f(x)$ と $f(a)$ は十分近い」という意味である．では「十分」とはどういう意味なのか？

よくよく考えてみると「x と a が十分近い」とは「『$f(x)$ と $f(a)$ は十分近い』を担保するくらいに近い」ことを意味していることに気づく．では「$f(x)$ と $f(a)$ は十分近い」とはどんなことか？それは「$|f(x)-f(a)|$ が十分小さい」ことだと言い換えることはできる．しかしどれくらい小さければいいのか…小さい数かどうかの絶対的な判断基準はない．「$|f(x)-f(a)|$ が十分小さい」かどうかの判断基準はこの文の外にあり，「連続である」に異議を唱える人に委ねられていると思えばいい．

するとこの文が主張しているのは「$|x-a|$ が或（あ）る正数よりも小さいよ

うな x に対して必ず $|f(x)-f(a)|$ が十分小さい」というなんらかの「或る正数」が「$|f(x)-f(a)|$ に要請された小ささに応じて厳然と『在る』」ということになる．以上のことを踏まえて「連続である」を日本語で書くと次のようになる：

「$|x-a|$ がある正数よりも小さいような状況では必ず『$|f(x)-f(a)|$ が十分小さい』」をみたす「ある正数」が $|f(x)-f(a)|$ に要請された小ささに呼応してある．

冗長な文である．そして「ある」ということばが紛らわしい．一時代前のように「在る」と「或る」を使い分ければまだましなのであるが…．そこで登場する数に名前をつけることになった：

「$|x-a|<\delta$ をみたす状況では必ず『$|f(x)-f(a)|<\varepsilon$』」
をみたす正数 δ が正数 ε に呼応してとれる．

ずいぶん簡潔になった．しかし機械的に処理するにはまだまだ大変である．もう少し整理して論理関係をくっきりとさせよう．そして「　」と『　』の使い分けも限界に近づいてきている．全部［　］で統一しよう：

どんな正数 ε に対しても［うまい正数 δ を選ぶと［どんな状況でも［$|x-a|<\delta$ ならば $|f(x)-f(a)|<\varepsilon$］が成り立つ］］．

ここで文字 a を y に取り替えてみよう：

どんな正数 ε に対しても［うまい正数 δ を選ぶと［どんな状況でも［$|x-y|<\delta$ ならば $|f(x)-f(y)|<\varepsilon$］が成り立つ］］．

何やら雲行きが怪しいと感じ取ったらなかなかのものである．形式的にきっちり書いた文では文字を取り替えることに問題はないが，この文では「どんな状況でも」のところに x, a がどう関与しているかが問題なのである．実は上で扱ってきた「連続性」は「定められた点 a における連続性」を意味するという暗黙の了解が潜んでいるのである．そして本当に必要なのは「定義域の各点における連続性」すなわち次の性質のことだと認識されているのである：

どんな a に対しても［どんな正数 ε に対しても［うまい正数 δ を選ぶと［どんな x に対しても［$|x-y|<\delta$ ならば $|f(x)-f(y)|<\varepsilon$］が成り立つ］］］.

それに対して a を y に取り替えた文では「状況」が x と y の状況，つまり次のような状況だという気配を漂わせている：

どんな正数 ε に対しても［うまい正数 δ を選ぶと［どんな x と y に対しても［$|x-y|<\delta$ ならば $|f(x)-f(y)|<\varepsilon$］が成り立つ］］］.

両者の違いを際だたせるためには前者を各点連続，後者を一様連続という．一般に一様連続は各点連続を帰結するが，逆は成り立たない．たとえば $f(x)=\dfrac{1}{x}$ は $x\neq0$ において定義された各点連続関数であるが一様連続関数ではない（$x=0$ において不連続と認識している人もあろうが，正確には「$x=0$ まで込めて各点連続になるようには拡張できない」各点連続関数なのである）．一様連続の方が少ないカッコで書けているのは「どんな x と y に対しても…」と表したからで，「どんな x に対しても［どんな y に対しても…」と表すと同じくらいになる．「どんな」だけ，「うまく」だけが続く限りは一つにまとめても同じ内容になるが「どんな…［うまく…］」と「うまく…［どんな…］」は意味が違う（比較するといわゆる後出し側…内側に都合がいいように意味が転じる）．論理の文はこの違いが争点になる．したがって「どんな」の代わりに「ただし＊は…」と後付けするのは形式的にはかかり具合が不鮮明になるので避けることにしよう．

文に使われる用語はどうせ限られているのだから，「どんな」と「うまく」の順番さえ守ればもっと様式化して単純に表すことができる．そこで「どんな（any）」･「うまく選ぶ（exist）」から頭文字を倒置して ∀ と ∃ という記号が開発された．そして数として想定している範囲を表記し，「ならば」を表す記号 ⇒ を援用してそれぞれ

$$\forall a,\ \forall\varepsilon>0\ \ [\exists\delta>0\ \ [\forall x\ \ [|x-a|<\delta\ \Rightarrow\ |f(x)-f(a)|<\varepsilon]]]$$
$$\forall\varepsilon>0\ \ [\exists\delta>0\ \ [\forall x,\ y\ \ [|x-y|<\delta\ \Rightarrow\ |f(x)-f(y)|<\varepsilon]]]$$

という文に仕上がる．[　] は ∀ や ∃ が指し示す対象に対する要求事項になって，それが出現するときはそのカッコの中で何が起きるかをいろいろ想像することになる．一方カッコの中では外で出現した対象は既定のことがらと考えられる．子孫にとって先祖は既定の対象であるが，先祖にとって子孫は念頭に置く対象なのである．ここまで様式化してしまえば，もはやカッコは省略するのが普通である．書かなくてもどこにあるべきかははっきりしている．

このように様式化を徹底したときには「かつ」を表す ∧ や「または」を表す ∨ を用いる場面もある．また ∃ が出現しない文では ∀ を略することが多い．

0-2　有理数と実数

実数についての詳しいことは後に一章を設けて論じるが，最小限のことは解析学を語る以上は避けて通れない．そのためにはまず「順序加群」について語らざるを得ない．順序加群とは足し算 $+$ が定義されており，2元の間の大小関係 $\geqq$ の判定条件が確定していて次の性質をみたしている集合である：

順序	記述便法	$x \geqq y \iff y \leqq x$
	反射律	$x \geqq x$
	対称律	$x \geqq y,\ y \geqq x \Rightarrow x = y$
	推移律	$x \geqq y,\ y \geqq z \Rightarrow x \geqq z$
$+$	結合律	$(x+y)+z = x+(y+z)$
	交換律	$x+y = y+x$
	単位元 0 の存在	$0+x = x$
	逆元 $-x$ の存在	$x+(-x) = 0$
$+$ と順序の整合性		$x \geqq y \Rightarrow x+z \geqq y+z$

これらの性質は有理数の体系 $\boldsymbol{Q}$，実数の体系 $\boldsymbol{R}$ などに共通して確認できる．ここで，解析学を進めていく上では次の 3 条件が重要な意味を持つ：

全順序性	$x \geqq y$ または $x \leqq y$
アルキメデスの公理	$x>0$ のとき x を n 個加えたもの nx が y より大きくなる自然数 n が存在する
非離散性	自然数 n および $0<x$ をみたす x に対して $0<ny<x$ となる y が存在する.

通常これら3つの性質は $\boldsymbol{Q}$, $\boldsymbol{R}$ のいずれでも成り立つものとして取り扱われている. 本書では任意の有理数についてはその構成法からしてこれらの性質が確認されるという立場に立つ. さて, 有理数に対するこれらの性質について語るにも, $\geqq$ のみならず $>$ という概念が現れていることにまず触れなければならない. 有理数 x, y に対する $x>y$ は「$x \geqq y$ であるが $x \leqq y$ ではない」ことを表す. ここにあらわれた「＊＊でない」は注意して扱うべき陳述であるが, 有理数に関する限りは確認されるというのが本書のスタンスである.

それでは実数の世界ではどうなっているのか？解析学では積分で表される値を対象として取り扱わねばならない. そして残念ながら積分によって表される実数の間にはそれらの構成法を根拠にして「$x \geqq y$ または $x \leqq y$」を一般的に確認する手段は見つかっていない. この陳述の正当化は信念の域を出ていない. そしてこのような背景の下で「$x \leqq y$ ではない」という言明を「$x \geqq y$ である」という言明と同格に扱うことには躊躇するものである. そこでこの言明を少しゆるめることにする. まず $\boldsymbol{R}$ が $\boldsymbol{Q}$ を内包することを要請しよう. 次に, 全順序に換える条件は次の通りである：

$$\forall r \in \boldsymbol{Q} \quad \forall a,\ b \in S \quad r>0 \ \Rightarrow \ [a \geqq b \quad \text{または} \quad a \leqq b+r]$$

$$\forall a,\ b \in S \quad [\forall r \in \boldsymbol{Q} \quad r>0 \ \Rightarrow \ a \leqq b+r] \ \Rightarrow \ a \leqq b.$$

前半の条件は「弱全順序条件」, 後半のは「順序の $\boldsymbol{Q}$-漸迫律」と称する. このように $\forall$, $\exists$, $\Rightarrow$ などの論理記号と「または」,「かつ」などが錯綜する場合は誤解を避けるためカッコを用いてそれらの結びつき関係を明示する必要があることに注意しよう. ここで $[\exists r \in \boldsymbol{Q}\ [r>0 \quad \text{かつ} \quad x \geqq y+r]]$ を表す便宜的記述として「$x>y$」を採用する (「$y<x$」とも表す). また $x>0$ をみたす x は正であるといい, $x<0$ をみたす x は負であるとい

う（$x \geqq 0$ のときは非負，$x \leqq 0$ のときは非正という）．

ところで，これまでの条件だけでは積さえ認知できないので，実際的にはさらに掛け算 × （記法としては・を用いる）が定義され，次の性質が追加されたものを扱う：

× 結合律	$(x \cdot y) \cdot z = x \cdot (y \cdot z)$
交換律	$x \cdot y = y \cdot x$
単位元 1 の存在	$1 \cdot x = x$
逆元 x^{-1} の存在	$x \cdot x^{-1} = 1$　（正または負数 x に対してのみ）
＋× 分配律	$x \cdot (y+z) = x \cdot y + x \cdot z$
× と順序の整合性	$x \geqq y,\ z \geqq 0 \quad \Rightarrow \quad x \cdot z \geqq y \cdot z$

上で述べた「順序加群に関する非離散性」は「× に関する逆元の存在条件」に吸収される．

0-3　初等関数の構成

種々の現象を定量的に処理するには関数を取り扱う必要がある．現象は通常多くの要因が複雑にからまって関与するので，扱うべき関数はいくつもの変数をもつものとなる．

ところで現象は往々にして，基本的な関数の組み合わせで記述できる簡単なモデルをもつものである．例えば何らかの生物の生息数 N が時刻 t の変化に伴って消長するさまは，ある理想化のもとでは $\dfrac{Ae^{at}}{B+e^{at}}$ と表すことができ，そのグラフはロジスティック曲線と呼ばれる．この関数は関数 e^{at} といくつかの定数との四則演算で得られるが，関数 e^{at} 自体は e^{x} の x に at を代入したものと考えられる．

このように我々が通常取り扱う関数は与えられた変数に関する基本的な関数および操作・演算をいくつも組み合わせることでできている．

操作：代入，方程式を解くこと［指定された変数に代入することによって，与えられた等式をみたすような関数を求めること］．

演算：＋，×，… これらの演算が採用された段階では逆演算である －や ÷ は「方程式の解」として実現する．

基本的な関数については「変数そのもの」，（自然）対数関数，逆三角関数が挙げられる．

対数関数：$\log t$

$=$「$1 \leqq x \leqq t,\ 0 \leqq y \leqq \dfrac{1}{x}$ で

表される部分の面積」……………………………… $t \geqq 1$ のとき

「$t \leqq x \leqq 1,\ 0 \leqq y \leqq \dfrac{1}{x}$ で

表される部分の面積」の -1 倍…………………… $0 < t \leqq 1$ のとき

逆三角関数 i）：$\arctan t$

$=$「$0 \leqq y \leqq tx,\ x^2 + y^2 \leqq 1$ で

表される部分の面積」の 2 倍………………………… $t \geqq 0$ のとき

「$tx \leqq y \leqq 0,\ x^2 + y \leqq 1$ で

表される部分の面積」の -2 倍……………………… $t \leqq 0$ のとき

値は $-\dfrac{\pi}{2}$ と $\dfrac{\pi}{2}$ の間の数をとるが標語的に $\arctan \infty = \dfrac{\pi}{2}$，$\arctan(-\infty) = -\dfrac{\pi}{2}$ とも表す．これを受けて下の 2 つの関数についても $\arcsin(\pm 1) = \pm \dfrac{\pi}{2}$ とし，$\arccos(\pm 1)$ もこれに応じて定める．

ii）：$\arcsin t = \arctan\left(\dfrac{t}{(1-t^2)^{\frac{1}{2}}}\right)$

iii）：$\arccos t = \dfrac{\pi}{2} - \arcsin t$

角度は歴史的には単位円の弧の長さで表されてきたが，微積分の対象として捉えるには扇形の面積をもとにした方が扱いやすいのである．また，

角度の大きさを測る単位に関しても我々が日常的に使う「一周 $=360^\circ$」はいかにも人為的であり，それよりは一回転を単位とした方が好都合である．しかしこの際，微積分に一番適したものを採用する．それが，上に述べた扇形の面積で表す方法であり，この面積が $\dfrac{1}{2}$ である角を1ラジアンと称する．ちなみにこの測り方は慣例的に**弧度法**と呼び，微積分では暗黙の了解事項として当然のようにこの表記にしたがう．

ところで「方程式を解くこと」は非常に多くの関数を生成するが，これを汎用的な操作として容認するよりも基本的な関数のリストを充実する方が通常は扱い易い．その立場では，減法，除法，累乗の逆関数である累乗根（特に平方根）のほか対数関数と逆三角関数，およびそれらの逆関数である指数関数と三角関数をリストに追加する（三角関数については単なる逆関数ではなく定義域を拡張する）．これらの関数は高等学校のときに導入されたものと一致する（ただし角度の表記は「弧度法」による）．

指数関数：$y=e^x$

……実数 x に対し，$x=\log y$ となる y を対応させる関数

三角関数 i ）：$y=\tan x$

……$\dfrac{\pi}{2}$ の奇数倍以外の実数 x に対し，実数 y をうまく対応させることによって $x-\arctan y$ が π の整数倍であるようにした関数（次に述べる sin と cos の比）

ii ）：$y=\cos x$

……0 と π の間の x に対し $x=\arccos y$ となる y を対応させる関数を実数全体に拡張し，$\cos(-x)=\cos x$ かつ 2π が周期となるようにした関数

iii ）：$\sin x$ …… $\cos\left(\dfrac{\pi}{2}-x\right)$

対数関数には $\log(xy)=\log x+\log y$ という性質がある．簡単のため x，y を1以上とすると $\log(xy)-\log x$ が表す図形は $\log y$ が表す図形を縦に $\dfrac{1}{x}$

倍，横に x 倍伸縮したものだからである．このことから $e^{x+y}=e^xe^y$ が得られる．逆三角関数・三角関数には次の公式が成立する：

$$\arctan x+\arctan y=\arctan\left(\frac{(x+y)}{(1-xy)}\right)\quad\begin{cases}+0\\ \pm\pi\end{cases}$$

$$\tan(x+y)=\frac{\tan x+\tan y}{1-\tan x\tan y}$$

$$\cos(x+y)=\cos x\cos y-\sin x\sin y$$

$$\sin(x+y)=\sin x\cos y+\cos x\sin y.$$

これらの公式は幾何学的に直接証明することも可能ではあるが，log のときに比して格段に煩雑になるので証明は省略する．ここでは実際的な方法として arctan の加法公式を両辺の微分から導くことを提案する．そのためにも初等関数の微分処理法に習熟しておくことが不可欠である．

初等関数の微分処理にはその構成の仕組みを的確に把握しておく必要がある．そのためここでは $y=\dfrac{\arcsin x+x(1-x^2)^{\frac{1}{2}}}{2}$ を例にとって調べてみよう．

初等関数はこのように「**構成樹**」を用いて記述され，その定義域もおの

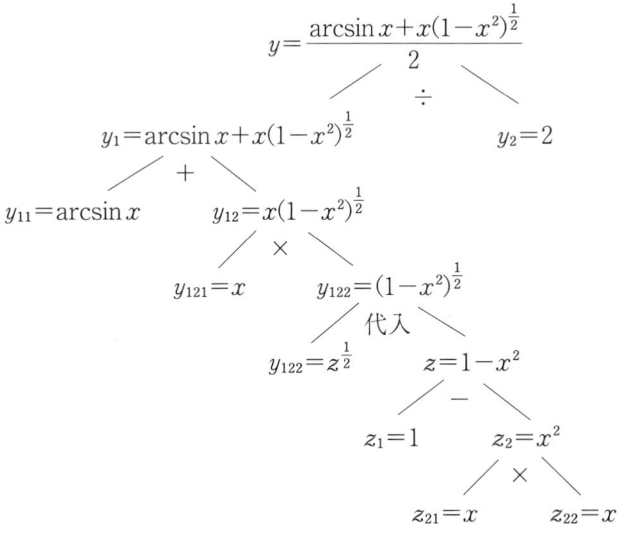

ずから求められる．例えばこの例では ÷ と $z^{\frac{1}{2}}$ のところが要注意である．まず ÷ のところは分母 $\neq 0$ が条件であるが，このケースでは分母は 0 にならないので無条件に帰する．もう一方は $z \geqq 0$ すなわち $-1 \leqq x \leqq 1$ が条件となる．定義域の点のうちこれらの不等式が等号で実現するもの（この場合 $z=0$ や $x=\pm 1$ をみたす点，結局のところ $x=\pm 1$）を非常点といい，そうでない点を通常点という．定義域の記述や非常・通常点の区別を与えられた変数に関して実行するのは，このような単純な関数以外では必ずしも現実的とはいえない．また極端な場合には定義域に該当する変数値があるかどうかを判定するのも容易ではない．

0-4　初等関数の導関数

この節では初等関数を機械的に「微分する」方法を取り上げる．初等関数の微分は基本的な関数の変数に関する微分の表と関数の構成に関する微分公式からなる．一般に関数 $y=f(x)$ の変数 x に関する微分すなわち導関数は $\frac{dy}{dx}$，$\frac{df(x)}{dx}$，$\frac{df}{dx}$ などと表すことにする．

$$\frac{dx^k}{dx}=kx^{k-1}$$

ただし k は実数とする．x の範囲に関しては，k が整数でないときは $x \geqq 0$，k が負のときは $x \neq 0$ という制約がそれぞれつく

$$\frac{d\log x}{dx}=\frac{1}{x}$$

$$\frac{d\arctan x}{dx}=\frac{1}{1+x^2}$$

$$\frac{d\arcsin x}{dx}=\frac{-d\arccos x}{dx}=(1-x^2)^{-\frac{1}{2}}$$

$$\frac{de^x}{dx}=e^x$$

$$\frac{d\tan x}{dx}=\frac{1}{\cos^2 x}$$

$$\frac{d\cos x}{dx}=-\sin x$$

$$\frac{d\sin x}{dx}=\cos x$$

$$\frac{d(y\pm z)}{dx}=\frac{dy}{dx}\pm\frac{dz}{dx}$$

$$\frac{d(y\cdot z)}{dx}=\frac{dy}{dx}\cdot z+y\cdot\frac{dz}{dx}$$

$$\frac{d\left(\frac{1}{y}\right)}{dx}=\frac{-dy}{dx}\cdot\left(\frac{1}{y^2}\right)$$

$$\frac{dz}{dx}=\frac{dz}{dy}\cdot\frac{dy}{dx}\quad\left(1=\frac{dx}{dx}=\frac{dx}{dy}\cdot\frac{dy}{dx}\text{ を含む}\right)$$

$$z_{21}=x \qquad z_{22}=x$$

$$\frac{dz_{21}}{dx}=1 \qquad \frac{dz_{22}}{dx}$$

×

$$z_{1=1} \qquad z_2=x^2$$

$$\frac{dz_1}{dx}=0 \qquad \frac{dz_2}{dx}=1\cdot x+x\cdot 1=2x$$

−

$$y_{122}=z^{\frac{1}{2}} \qquad z=1-x^2$$

$$\frac{dy_{122}}{dz}=\frac{z^{\frac{1}{2}}}{2} \qquad \frac{dz}{dx}=0-2x=-2x$$

代入

$$y_{121}=x \qquad y_{122}=(1-x^2)^{\frac{1}{2}}$$

$$\frac{dy_{121}}{dx}=1 \qquad \frac{dy_{122}}{dx}=\frac{z^{\frac{1}{2}}}{2}\cdot(-2x)$$

$$=-x\cdot z^{-\frac{1}{2}}$$

×

$$y_{12}=x(1-x^2)^{\frac{1}{2}}$$

$$\frac{dy_{12}}{dx}=1\cdot(1-x^2)^{\frac{1}{2}}+x\cdot(-x\cdot z^{-\frac{1}{2}})=\frac{1-2x^2}{(1-x^2)^{\frac{1}{2}}}$$

初等関数を形式的に微分するには構成樹の末端から順に微分公式を適用して根元に到る．この様子を先ほどの関数の構成樹の一部分を例に解説したものが先の図式である．ここでは末端を上にして書いていこう．

このように一見すると複雑な関数も順を追っていけば微分操作は可能なものである（微分域は定義域の各条件のうち端を除いたもの）．もしこれだけ長い変形では息切れするというようなら，途中で休憩をいれてから再開すればよいし，途中まででもそれなりの複雑さのものをこなしたことに満足する価値がある．さて，上の計算を突き進めると，この構成樹の根元にあった y の微分 $(1-x^2)^{\frac{1}{2}}$ を得る．ところで，y は下図の部分の面積で表されるので，その微分は後述する「微分積分学の基本定理」によっても同じ値が得られる．見方を変えれば y_{12} と y の微分を元にして $\arcsin x=2y-y_{12}$ の微分公式が得られたといってもよいわけである．下図から $\arccos x$ や $\arctan x$ の微分公式も得られる．$\log x$ の微分公式も「微分積分学の基本定理」から得られ，$x^k=e^{k\log x}$ などの基本的な関数の微分公式はこれらの組み合わせにより得られるのである．

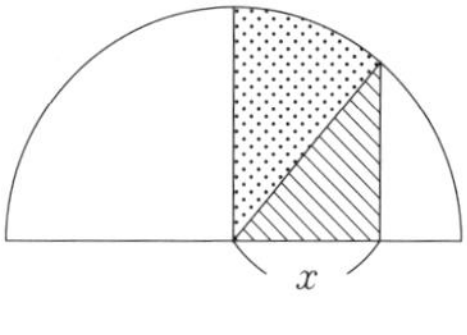

問「(0-3 冒頭) ロジスティック曲線」で表される関数の構成樹を書き，定義域・微分を求めよ（ここでは各定数の正負は特定しない）．

次に x^x について考えてみよう．この関数はすんなりとは構成樹の手法にのらない．それに定義域は何であろうか．指数の拡張という考えに従うと定義域は「0 より大きい実数および奇数を分母にもつ負の有理数の全体」となってしまうのである．しかしここではこのような不自然なことはしない．x^x 自体を $(e^{\log x})^x$ さらに $e^{x\log x}$ と解釈することにすれば，この関数も自然に構成樹で表され定義域 $x>0$ も見えてくる．実は k が整数以外のとき

の x^k についてもこのように考えるのが自然なのである．k が正のとき定義域に０を追加できることや k が奇数を分母にもつ有理数のとき定義域に負の数をつけ加えるのが可能であることはこの際黙殺する．

0-5　原始関数

f を有界集合上で定義された１変数の０次連続関数とする．f を導関数にもつ１次連続関数 F を f の**原始関数**という．原始関数は後述する積分を導く重要な道具であり，このことから不定積分という別名がある．F_1, F_2 が共に f の原始関数であるとき F_1-F_2 の導関数は０である．

初等関数 f が与えられたとき，その原始関数は必ずしも初等関数の範囲に存在するわけではない（f として例えば $\dfrac{\sin x}{x}$ や $(1-x^4)^{\frac{1}{2}}$ など）が，そのことの証明は非常に難しい．しかし，広範な関数に対して原始関数を求めることは実際的にはかなり有用なことである．

初等関数の原始関数を等式で記述する手段は四則演算と代入以外はすべて微分を求める手段の裏返しに尽きる．微分の公式は初等関数の構成手段＋，－，×，÷，合成に対応しているので，何らかの関数の原始関数が求まるときは結果的には四則演算と代入以外は微分公式の裏返しである次の３公式を組み合わせて実現されているということになる．

微分の線型性　$(aF+bG)'=aF'+bG'$

→ 線型性　$\int(af+bg)dx=a\int fdx+b\int gdx$

積の微分　$(FG)'=F'G+FG'$

→ 部分積分　$\int F'Gdx+\int FG'dx=FG$

合成微分　$(F(x(t)))'=F'(x(t))\cdot x'(t)$

→ 置換積分　$\int F'(x(t))\cdot x'(t)dt=F(x(t))$

原始関数を求めるノウハウについて詳しくは世に多く出ている演習書に任せることにして，ここではいくつかの基本的な事柄を押さえておこう．原始関数を求めるためにまず必要なのはいくつかの基本的な関数に対して原始関数を求める方法を把握することである．その皮切りに多項式の原始関数を求めることはマスターしておこう．また対数関数や指数関数，逆三角関数や三角関数の微分を実行すると奇妙に美しい結論が出現するのでそれらは原始関数のレパートリーに入れておくと重宝する．

そこから先は部分積分と置換積分のオンパレードになるが，どちらの公式も2つの積分を（積分を要しない関数を介して）関係付けており，一方を他方から求める方法と見立てられる．その際求めたいものをどちらに見立てるかが問題になるが，大事なのは式の変形が「よい方向に」進んでいるかどうかの見極めである．初等関数のうち合成，±，×，÷ だけで構成されるもの，すなわち有理式に関しては少々大がかりながらも原始関数を求めることができる．問題になるのは $\sqrt{\ \ }$ のような代数関数，超越関数の関わり方である．そして中でも超越関数の解消が焦点となる．

0-6 部分積分

超越関数の内でも対数関数と逆三角関数は微分によって超越性が解消される．部分積分の活用にはその点に着目するものが多い．

例 1-1

α を実数，m を整数とする．

$$(x^m \log(x-\alpha))'$$
$$= mx^{m-1}\log(x-\alpha) + x^m \cdot \frac{1}{(x-\alpha)}$$
$$(x^m \arctan(x-\alpha))'$$
$$= mx^{m-1}\arctan(x-\alpha) + x^m \cdot \frac{1}{1+(x-\alpha)^2}$$

この例では右辺の第2項が有理式でありその原始関数が既知であることか

ら，m が 0 でなければ第 1 項の原始関数を求める方法として重宝する．他の逆三角関数のときも同様である．もう少し込み入ったケースでも漸化式を得られることがある．

例 1-2

m を実定数，n を自然数とする．

$$(x^m\cdot(\log x)^n)'=mx^{m-1}\cdot(\log x)^n+nx^{m-1}(\log x)^{n-1}$$

$m\neq 0$ であれば第 1 項の問題を第 2 項の問題に還元するものといえる．m が 0 のときは第 1 項が消滅するので右辺の原始関数を方法を与えていることになる．

参考

この例はかなり際どくて $(x-1)^{-1}\log(x+1)$ や $(\log(x-1))\log(x+1)$ は原始関数を初等関数の範囲で求めることができない．もっとも $(x-1)^{-1}(x+1)^{-1}$ は有理式なのでそれができるのである．それでは $(\log(x^2-1))^2$ はどうなっているか．実際に $\log(x-1)+\log(x+1)$ の 2 乗を展開してみると，それぞれの 2 乗に対しては上の例によって求められるが $(\log(x-1))(\log(x+1))$ に対しては適用できないことに思い当たる．ところで $\log(x^2+1)$ や $\arctan x$ なども複素関数の世界では $\log(x^2-1)$ とよく似た関数であり，両者ともこの問題に関してはこの関数と同じような振る舞いを見せるのである．

例 2-1

m を 0 以外の正数とする．

$$(x^m e^x)'=mx^{m-1}e^x+x^m e^x$$

この例では両項で e^x の部分が共通しており，違いはこれにかかった多項式にある．上の 2 例とは異なり第 2 項の原始関数を求めていくときの一コマである．原始関数を求めるべき式が前後のどちらの項であるかは $x^m e^x$ と書くか $e^x x^m$ と書くかといった慣習に左右されているのである．

例 2-2

$f(x)$，$g(x)$ を多項式とする．

$$(f(x)\sin x)'=f(x)\cos x+f'(x)\sin x$$
$$(g(x)\cos x)'=g'(x)\cos x-g(x)\sin x$$

sin と cos は一卵性双生児であると思えば，これらも**例 2-1** と同様であることが分かる．というよりもむしろこの 2 つが連立して一体になっていると思うのが分かり易い．この考え方の延長として，もう少し広汎な関数の原始関数も次の関係から得られる：

$$(f(x)e^{ax}\cos bx)'$$
$$=af(x)e^{ax}\cos bx-bf(x)e^{ax}\sin bx+f'(x)e^{ax}\cos bx$$
$$(g(x)e^{ax}\sin bx)'$$
$$=bg(x)e^{ax}\cos bx+ag(x)e^{ax}\sin bx+g'(x)e^{ax}\sin bx$$

0-7　置換積分

t の関数を置換積分するには $x(t)$ の候補に当たりをつけることになる．このとき被積分関数を $x'(t)$ で割ったものに対して x の関数としての原始関数 F を見つけられる目途をつけることが求められる．特殊なケース以外では因子としての $x'(t)$ が露出しているが，ここではそれが隠れてしまうという特殊なものを主に扱う．次の例は原始関数を一気に求めるときに限らず，簡明化する手段としても有効である．

例 3-1

a，b を定数，$a\neq 0$ とするとき $f(at+b)$ の t に関する原始関数は $x=at+b$ の原始関数に還元される．f が多項式のときは無理やり展開して求めることも可能であるが f の次数が高いときには実際的でない．

次節に述べるように有理式には原始関数を求める方法が原理的に存在する．それ故に置換積分によって有理式に変換することがよくある．

例 3-2

f を有理式，$x=e^t$ とするとき $f(e^t)$ の t に関する原始関数は $\dfrac{f(x)}{x}$ の x に関する原始関数の問題に還元される．

$x=e^t$ の代わりに $x=\log t$ になっているとき，$f(\log t)$ の t に関する原始関数は $x=\log t$ に置換成分すると $f(x)e^x$ の原始関数に変形できる．

例 3-3

さらに f が多項式であれば**例 2-1** によって解決する．

しかし f がただの有理式のときは $f(\log t)$ ではうまくいかず，$\dfrac{1}{t}$ がかかっていることが要求される．

例 3-4

f を有理式，$x=\log t$ とするとき $\dfrac{f(\log t)}{t}$ の t に関する原始関数は $f(x)$ の原始関数に還元される．

同じ細工は**例 3-2** に当てはめた $f(e^t)e^t$ にも可能であるが，これは**例 3-2** そのものに吸収される．e^t と $\log t$ が引き起こすこのような違いに対する著者の個人的な見解を述べよう．これら2つの関数では後者が本来の関数であり，逆関数を解消するため前者自体を変数にとるのが自然だということに起因していると思われる．ただ現実に開発された諸々の技法を無視してやみくもに逆関数を解消して回るのは実際的でないことが多い．

他にも被積分関数が有理式 $f(x)$ の変数 x に何らかの関数 $x(t)$ を代入したものを基調としているときには x を変数に取り替えるとうまくいくケースがよくある．ただ x が t の2次式のルートになっているときのように独特の置換が功を奏することがあるので詳細は他の演習書に任せる．

0-8　有理式の原始関数

有理式の原始関数を求める最初のステップは分子 $f(t)$ を分母 $g(t)$ で割ったときの商 $h(t)$ と余り $f_0(t)$ を求め，商の部分を多項式として分離することで分子の次数が分母のものより低いという設定…（＊）に還元される．しかしここから先の話は一般的にはかなり面倒である．

まず $g(t)$ を実係数の範囲で既約因数分解するのであるが，この手段を四則と根号で一般的に記述することはできない．一般論としては数値的に処理するしかない．このとき各既約因子は1次式または2次式になる．

その次は $\dfrac{f_0(t)}{g(t)}$ を部分分数の和に分解することである．このときたし合わせる対象とは $g(t)$ の因子かつ単独の既約因子のべきを分母とし分子が g よりも低次のものすべてである．このステップは原理的には単純であるが（＊）を守らないなどのミスがよく起きる．ミスに気づくためには計算の後で検算のため実際に微分する習慣をつけておきたい．

次のステップは g が1次式のときは単純なのであるが，2次式のときはかなり面倒である．まず変数を1次変換して $g(t)$ の代わりに x^2+a^2 にした上で分子を偶数次項と奇数次項に分ける．ここで分子が奇数次のものでは変数を $y=x^2+a^2$ に取り替え，分子が偶数次のものでは次の変形を得る．

$$\frac{d\left(\dfrac{x}{(x^2+a^2)^m}\right)}{dx}$$
$$=\frac{1}{(x^2+a^2)^m}-\frac{2mx^2}{(x^2+a^2)^{m+1}}$$
$$=\frac{1-2m}{(x^2+a^2)^m}+\frac{2ma^2}{(x^2+a^2)^{m+1}}$$

この式で分母の次数に着目すると m が正の整数である限りは最右辺における第2項の原始関数の問題を第1項のものに還元する手段を与えていることが分かる．この操作を繰り返していくと最後は $\dfrac{1}{x^2+a^2}$ の原始関数の問題に帰着し，これは $a^{-1}\arctan\left(\dfrac{x}{a}\right)$ となって解決することが分かる．

第1章 関数の0次連続性と極限

本章で扱う内容は微分積分の基本に関することである．基本というものは決して容易ではなく逆に深遠なものである．例えば，一般的な集合上の関数という名のもとに数列や関数列を視野に入れている．それ故，そのような認識のなかった読者が難しいと感じても無理はない．そのような設定を気にしすぎて先に進まないよりも，とりあえずまともそうな（読者がまともだと感じる）定義域を想定し，そこそこの問題点を残して進む方が実際的であるし，更にこの章の内容の証明はブラックボックスに閉じこめておいても定性的な理解の妨げとはならない．その場合の勘所を述べておこう．関数の合成（代入）・四則演算はそれが自然に定義される範囲において0次連続性（「0次連続」であること）を保存する．この一見何でもない命題が微積分のすべてを説明する基本法則なのである．補集合の機械的な扱いは注意を要するが，曲面などの微妙な話題が出てくるまでは本書では余り神経質にならない扱いをする．

1-1 集合と関数

ものの集まりを**集合**といい，集まった一つ一つのものを**元**（または要素）という．元が一つもない「空集合」も集合であるとする．集合 X が与えられたとする．このとき X の元の幾ばくかからなる集合を X の部分集合という．また X の部分集合 S に属さない元の全体からなる X の部分集合を S の（X における）**補集合**という．

記号：x が集合 S の元（要素）であることを $x \in S$ と表す．S の元の若干からなる集合 T を S の**部分集合**といい，$T \subset S$ と表す．また $\{\cdots\}$ と書くことで「…」からなる集合を表す．一つの集合 S の部分集合 T_1，T_2 が与えられたとき，T_1 と T_2 に共通する元の全体を $T_1 \cap T_2$ と表し，いずれか少なくとも一方に含まれる元の全体を $T_1 \cup T_2$ と表す．

対応 f によって集合 X の各元 x ごとに集合 Y の元 y が対応付けられているとき，f を X から Y への**写像**という．x は**入力**といい，それに対応する y は x に対する**出力**といい，$f(x)$，f などと表す．このとき X を f の**定義域と**いい，X の何らかの元 x によって $f(x)$ と表される Y の元 y の全体を f の**像**という．「もの」とは何か，「集まり」，「対応」とは何か，など本源的な疑問点は残るのであるが，ここではあまり深入りしない．元の個数が有限である集合を有限集合といい，特にその個数が0のときは空集合という．空集合からは与えられた集合へ唯一の写像「対応させるべきものは何もない」が存在する．

集合 $\{1, 2, \cdots, n\}$ から実数全体 $\boldsymbol{R}$ への写像 $\boldsymbol{x}$ は，実数を n 個並べたものとみなせるが，後に行列の積を援用するまでは記述スペースの短さのために $(x_1, x_2, \cdots, x_n)$ とみなし，その全体を $\boldsymbol{R}^n$ と表す．これは幾何学的には，n が1のとき直線，n が2のとき平面，n が3のとき空間をイメージすればよい．また n が0のとき，$\boldsymbol{R}^0$ は唯一の点（　）をもち，幾何学的な解釈とも一致する．$\boldsymbol{R}^n$ の点 $\boldsymbol{x}$ に対して $|\boldsymbol{x}|$ は $|x_i|$ のうち最大のものを表し（$n=0$ のときは0と解釈する），2点 $\boldsymbol{x}$，$\boldsymbol{y}$ に対して $|\boldsymbol{x}-\boldsymbol{y}|$ を $\boldsymbol{x}$，$\boldsymbol{y}$ 間の**距離**という（ここでいう距離は日常的な意味での距離である L^2 距離に比して L^∞ 距離とも呼ばれている）．$\boldsymbol{R}^n$ の部分集合 S は原点 $\boldsymbol{0}$ からの距離が S の点の取り方に無関係に何らかの実数より小さくなっているとき有界であるという．

A，X を $\boldsymbol{R}^n$ の部分集合とする．X が A において**稠密**であるとは正数 ε および A の点 $\boldsymbol{a}$ をどのように与えられても X の点 $\boldsymbol{x}$ をうまく選べば $\boldsymbol{x}$ と $\boldsymbol{a}$ の距離が ε 以内になるようにとれることをいう．

稠密性の相対性定理　$\boldsymbol{R}$ 自体が他の実数体系 $\boldsymbol{R}'$ の部分体系であるとし，A を $\boldsymbol{R}^n$ の部分集合とする．このとき A の部分集合 X が A において $\boldsymbol{R}$ に関して稠密であることと $\boldsymbol{R}'$ に関して稠密であることとは同値である．

証明

A の点 $\boldsymbol{a}$ が与えられたとしよう．$\boldsymbol{R}'$ に関して稠密なら $\boldsymbol{R}$ に関して稠密であることは，与えられた $\boldsymbol{R}$ の正数 ε に対してこれを $\boldsymbol{R}'$ の数と見なして X の点を取ればよいことから分かる．$\boldsymbol{R}'$ の正数 r' が与えられたときは $\boldsymbol{R}$ の正数 r_0 をとり $\boldsymbol{R}'$ に対するアルキメデスの公理より $nr' \geqq r_0$ となる自然数 n を選ぶ．次に $\boldsymbol{R}$ の非離散性より $nr \leqq r_0$ となる $\boldsymbol{R}$ の正数 r を選ぶと $nr \leqq nr'$ となり，$r \leqq r'$ が結論される．ここで X が $\boldsymbol{R}$ に関して稠密であれば r に対する $\boldsymbol{x}$ を選べば $|\boldsymbol{x}-\boldsymbol{a}| \leqq r \leqq r'$ となる． ■

n を 1 とする．$\boldsymbol{R}$ の部分集合 I が a を左端，b を右端とする**擬区間**であるとは I が $[a, b]$ において稠密であること，すなわち実数 x, y が $a<x<y<b$ をみたすように与えられたとき $x \leqq c \leqq y$ をみたす I の元 c をもつことをいう．$a<b$ をみたす 2 実数に対し $a<x<b$, $a \leqq x \leqq b$, $a<x \leqq b$, $a \leqq x<b$ のそれぞれに対し，それをみたす実数の集合を (a, b), $[a, b]$, $(a, b]$, $[a, b)$ と表す．$a<x$, $a \leqq x$, $x<b$, $x \leqq b$, 無条件，に対してはそれぞれ (a, ∞), $[a, \infty)$, $(-\infty, b)$, $(-\infty, b]$, $(-\infty, \infty)$ と表し，この 9 つを**区間**と総称する．特に（ , ）のタイプを**開区間**，[,] のタイプを**閉区間**と呼ぶ．

〔註〕

「区間」というときにはその背景に実数の体系を認識しておかなければならない．旧来のスタンスでは「すべての実数」を知っていることを前提とするが，これは「集合論」の不確定さを下敷きとしている．本書ではこのような前提を回避して議論を進める．実際，旧来は区間上記述されていた命題は「擬区間」の上で記述できるのである．

1-2 関数の 0 次連続性

本書では $\boldsymbol{R}^n$ の部分集合 S 上の関数を扱う．関数とは何かというのは本源的な問題であり，「集合論」という体系（必然的に「決定不能な関数」を内包することになる）が矛盾を孕まないものと高をくくりこれを容認するならば旧来の実数論的上の解析学ができあがる．本書ではこの問題を当面棚上げにし，積極的に奇怪な関数を取り入れて論を進めることは避ける．ここでは関数というのは扱う対象に応じた程度に自然な仕組みで発生するものに限定する．たとえば逆関数・陰関数・絶対値・不定積分などを使ったものはそれぞれの段階の意味で階層的に関数と認識される．また max のような人為的な関数も誤差関数の記述上の便法として使用する．一方，旧来伝統的な証明を正当化するために踏襲されてきた無限回の判断を必要とする操作を関数の一員として積極的に取り込んだり，それをもとに合成や積分によって新たな実数を生成したりすることはしない．これらは定理を安易に拡大解釈することに対する歯止めとして指摘するにとどめる．一言にして述べるに命題は非常に病的な関数さえ念頭において記述し，証明にはそのような奇怪な対象を出現させないことにするものである．

関数は S の元 $\boldsymbol{x}$ を不可分な対象とみて $f(\boldsymbol{x})$ と表したり，幾何学的に捉えて $f(x_1,\ x_2,\ \cdots,\ x_n)$ と表したりする．この節では定義域 S 上の関数 f が与えられているものとする．関数の定義域というのは必ずしもその関数が必然的に定義される最大限の集合という意味ではない．関数によっては，そもそもそのような集合が存在しないと考えた方が自然である．たとえば，R^2 の原点（0，0）以外の点の集合 S が与えられたとき，原点を中心として（＋，0）方向の軸を基準とした反時計まわりの角度を対応させる関数は S 全域で定義すると無理が生じる．

現実のモデル化として関数を取り扱うとき，出力を指定された許容範囲におさめたいことがよくあり，それを実現するための入力の範囲が問題となる．本書ではこの構図を次のように抽象化することにする．

正の実数の全体を $\boldsymbol{R}^+$ と表す．S を $\boldsymbol{R}^n$ の有界部分集合とする．$\boldsymbol{R}^+$ 上で $\boldsymbol{R}^+$ の値をとる広義単調増加写像 ϕ が次の性質（＊）を満たすとき ϕ を f の S における**誤差関数**という．

（＊）「どの i に対しても $|x_i-y_i|\leqq\phi(t)$」となる S の点 x，y に対しては

$$|f(\boldsymbol{x})-f(\boldsymbol{y})|\leqq t.$$

$\boldsymbol{R}^n$ の有界部分集合 A，S およびそれぞれの上の関数 f とその誤差関数

ϕが与えられたとき，$\boldsymbol{R}^+$上どこでもϕの値以下の値をとる正値の広義単調増加写像はどれもfの誤差関数になる．（$*$）における $\leqq$ はどちらも $<$ に置き換えてもよく，実際通常はそのように定義する．ところで，（$*$）は下記のような変形を持ち，これが証明を簡明にするケースが幾度かある：

（$*$）「どのiに対しても$|x_i-y_i|\leqq\phi(t)$」となるSの点$\boldsymbol{x}$，$\boldsymbol{y}$及びtより大きい実数τに対しては

$$|f(\boldsymbol{x})-f(\boldsymbol{y})|\leqq\tau.$$

また本書では誤差関数自体にも必然性を持たせることがあり，このことと併せて上記の定義を採用することにした．有界な定義域上の関数fは誤差関数をもつとき0次連続であるという．

通常いう「連続」は点aごとに局所的に定義され，（$*$）が$\boldsymbol{y}=\boldsymbol{a}$に対してのみ適用されることをいう．「局所的に」0次連続な関数は「連続」であり，また「連続」の名のもとに扱われている尋常な関数は区間をはじめ，通常の体系で言う「局所コンパクト集合」において定義されており，その結果「局所的に」0次連続である．ところで，本書ではこのような関数については派生的な概念「広義積分」として終わりの方の章で言及するにとどめる．

参考

通常の意味の「連続性」との比較がどうしても気になる読者のためだけに，全く異常な「関数」を例示するが，特に興味のない読者が飛ばしてしまうのは何の支障もない．

整数の逆数以外の実数で定義されている次の関数fは通常の意味で連続であり，広義積分をもつが，（点0の近傍において）局所的に0次連続ではない：

$$f(x)=\begin{cases} nx-1 & \cdots \text{非負の整数 } n \text{ に対して } (n+1)^{-1}<|x|<n^{-1} \text{ のとき} \\ 0 & \cdots x=0 \text{ のとき.} \end{cases}$$

問　有界集合上で関数 x そのものは0次連続である．実際に誤差関数を構成せよ．

例 1

関数の0次連続性を定義するに当たって定義域が有界なものに限っておく理由の一つに，この条件を外すと「0次連続」な関数の積が「0次連続」になるとは限らないことがあげられる．すなわち $\boldsymbol{R}$ 上の関数 x は「0次連続」になるがその積 x^2 は「0次連続」ではない．実際に，誤差関数 ϕ が与えられたとすると，$x=\dfrac{u+\phi(1)}{4}$，$y=\dfrac{u-\phi(1)}{4}$ とおくと $|x-y|\leqq\phi(1)$ であり，$|x^2-y^2|=|x-y|\cdot|x+y|=|u|\phi(1)$ なのでこの値を1より小さくすることは u の絶対値が大きいときには実現できない．

（注意）　関数 $\dfrac{1}{x}$ は $(0,\ 1]$ において0次連続ではないが，1未満のいかなる正数 ε に対しても $[\varepsilon,\ 1]$ において0次連続である．

問　上のことを確かめよ．

「有界閉集合上定義された関数 f の基準点における誤差には，値に限度を設ければ最大のものがあり，それを基準点に無関係にとれるのが0次連続関数である」という主張は，旧来の実数論の下では最大・最小値の定理と呼ばれる陳述により正当化される．しかしそのような誤差関数を限られた基本的な関数の組み合わせで具体的に表すのは本質的に困難である．種々の0次連続性の定義として自明でない誤差関数を「もつ」という表現にとどめる背景はここにある．

問　有界集合上で定数 k は0次連続である．実際に定数1が一つの誤差関数であることを確認せよ．

例 2

関数 x^5+x は次節で明らかになるように有界集合上では 0 次連続である．ところで，その最大の誤差関数を四則演算と根号だけで表せないことはガロワ理論と呼ばれる高度の代数的な考察により判明しているが，ここでは扱わない．

例 3

実数 k が与えられたとき，関数 $\sin x+kx$ は次節で明らかになるように有界集合上では 0 次連続である．しかしその最大の誤差関数は $t=1$ における値にしても，k が 0 の近辺で変動したときに一筋縄ではない変化をするので「（＊）をみたす 1 以下の値の最大」という以上に具体的に記述することは実際的ではない．

有界性定理　$\boldsymbol{R}^n$ の空でない有界部分集合 S 上の 0 次連続関数 f の値域は有界である．

証明

f の誤差関数を ϕ とする．S を $\dfrac{\phi(1)}{2}$ の幅で分割する．このとき各区画から一つずつ S の点を選ぶと，S のいかなる点における値もこれらにおける f の値の最大値，最小値にそれぞれ 1 を加減した値の間にある．■

多変数の 0 次連続関数においていくつかの変数を一定にしておいて他の変数について考えるとこれは 0 次連続になる．しかし，次の例にみるように逆は成り立たない．

例 4

次の関数は x，y のそれぞれについてそれを固定するごとにもう一つの変数に関して 0 次連続である．また 2 変数の関数としては $(0,\ 0)$ の近くでは自明でない誤差関数をとれない．

$$f(x,\ y)=\begin{cases}0 & \cdots(x,\ y)=(0,\ 0)\text{のとき}\\ \dfrac{xy}{x^2+y^2} & \cdots\text{その他のとき}\end{cases}$$

この例では，斜めの方向から（0, 0）に近づいたときに0次連続となっていない．だからといって，どの直線に乗って近づいても0次連続であるという条件にすり替えてみても曲線に沿って近づくことには対応できない．n 変数関数の0次連続性はあくまで n 変数の枠組みで考えなければならない．これは多変数関数と自然に付き合う上で絶対的に重要なポイントである．

さて，読者は「元来真っ先に定義されるべき『極限』が一向に出てこず，それから誘導される『連続性』さえ押しやって，末端概念である『0次連続性』が正面にでている」ことに戸惑いをもっていることであろう．ところで，「連続性」が「極限値 A と中心値 $f(\boldsymbol{a})$ が一致すること」だということを反対側から見れば，「極限値 A とは中心においてその値に定め直したときに生じる関数 g が連続となる値」のことだといってもよい．

$$g(x)=\begin{cases}f(\boldsymbol{x}) & \cdots\boldsymbol{x}\neq\boldsymbol{a}\text{のとき}\\ \boldsymbol{A} & \cdots\boldsymbol{x}=\boldsymbol{a}\text{のとき}.\end{cases}$$

つまり「連続性」と「極限」はどちらが先かというのはあたかも「鶏と卵」の関係にあるわけである．どちらが先ともいえるがこの場合には卵が先だとすると無理が生じる．端的にいえば，極限とは変数が中心値に「それをとらないように」近づくとき，関数が中心値に「それをとることを含めて」近づくことだからである．それが原因で $\lim_{\boldsymbol{x}\to\boldsymbol{a}}f(\boldsymbol{x})=\boldsymbol{b}$, $\lim_{\boldsymbol{y}\to\boldsymbol{b}}g(\boldsymbol{y})=\boldsymbol{c}$ から $\lim_{\boldsymbol{x}\to\boldsymbol{a}}g(f(\boldsymbol{x}))=\boldsymbol{c}$ は導けない．

ところで「(各点) 連続性」と「0次連続性」のどちらを基本に据えるべきかを判断するには，我々の感覚は曖昧であるというべきであろう．本書では微分積分学全体を見渡した上，スッキリ記述するために「0次連続」を基本に据えることにした．その結果，「x が a に近づいたときの**極限**」とは「問題の点 a における値として定めたとき a の近傍において0次連続になる値」のこととする．

$n=1$ のとき，関数の定義域は実数全体を含め区間であることが多く，a が区間の左端や右端であれば，それぞれ a の右から・左から連続という慣習がある．極限についても同様の慣習があり，$\lim_{x\to a}$ はそれぞれ $\lim_{x\to a+0}$，$\lim_{x\to a-0}$ と表す．また，特に $a=0$ のときは $\lim_{x\to +0}$，$\lim_{x\to -0}$ と表す．

1-3　0 次連続性と四則演算

関数の四則演算：共通の定義域 S をもつ関数 f，g が与えられたとき，変数値の組に対して値の和・差・積で得られた値を対応させる S 上の関数を f，g の和 $f+g$・差 $f-g$・積 fg という．また変数の組に対して f の値の逆数を対応させる関数を f の**逆数関数**といい，$\dfrac{1}{f}$ と表す．逆数関数の定義域は S の元のうち f の値を 0 としないものの全体とする．

【定理】

有界集合上の 0 次連続関数 f，g の和・差・積 h は 0 次連続である．

証明方針

0 次連続のときに示す．f，g の誤差関数をそれぞれ ϕ，ψ とする．このとき h の誤差関数 Φ を，次のようにとることができる：

$$\text{和・差}：\Phi(t)=\min\left\{\phi\left(\frac{t}{2}\right),\ \psi\left(\frac{t}{2}\right)\right\},$$

$$\text{積}\quad：\Phi(t)=\min\left\{\phi\left(\frac{t}{(2B)}\right),\ \psi\left(\frac{t}{(2B)}\right)\right\},$$

ここに B は $\pm f$，$\pm g$ のすべてに共通の上界とする．ちなみに積に関しては $\Phi(t)$ を標記のように定めるとき，$\boldsymbol{x}$，$\boldsymbol{y}$ がどの i に対しても，$|x_i-y_i|\leqq\Phi(t)$ をみたせば，$|f(\boldsymbol{x})|\leqq B$，$|f(\boldsymbol{y})|\leqq B$，同様に $|g(\boldsymbol{x})|\leqq B$，$|g(\boldsymbol{y})|\leqq B$ であることに注意すれば所期の結論を得る：

$$|f(\boldsymbol{x})g(\boldsymbol{x})-f(\boldsymbol{y})g(\boldsymbol{y})|$$

$$=|(f(\boldsymbol{x})-f(\boldsymbol{y}))g(\boldsymbol{x})+f(\boldsymbol{y})(g(\boldsymbol{x})-g(\boldsymbol{y}))|$$
$$\leqq|f(\boldsymbol{x})-f(\boldsymbol{y})||g(\boldsymbol{x})|+|f(\boldsymbol{y})||g(\boldsymbol{x})-g(\boldsymbol{y})|$$
$$\leqq B|f(\boldsymbol{x})-f(\boldsymbol{y})|+B|g(\boldsymbol{x})-g(\boldsymbol{y})|$$
$$\leqq\frac{t}{2}+\frac{t}{2}=t.$$ ■

問　和・差についても上記のものが誤差関数となることを示せ.

【定理】

有界集合上の0次連続関数 f の逆数 h は値が有界であるとき0次連続である.

証明方針

0次連続のときに示す. f の誤差関数を ϕ とする. このとき h の誤差関数 Φ を, 次のようにとることができる：

$$\Phi(t)=\phi(C^{-2}t).$$

ここに C は $\pm h$ 双方に共通の上界とする. ■

問　商についても積のときと同様のことが成り立つことを示せ.

(注意)　逆数に関しては, 次節の結果を使って関数 $y=f(x)$ と $z=\dfrac{1}{y}$ の「合成」と考える方がすっきりするであろう.

1-4　0次連続性と合成・逆関数

関数の合成 (代入) 関数 f を $\boldsymbol{R}^n$ の部分集合 S 上の関数とする. また関数 $g=(g_1,\ g_2,\ \cdots,\ g_n)$ を $\boldsymbol{R}^m$ の部分集合 T 上の関数の組とし, S に値をとるものとする. このとき「**合成関数**」$f\circ g$ を次のように定める：

$$(f\circ g)(\boldsymbol{x})=f(\boldsymbol{y}),$$

ここに $y=g(\boldsymbol{x})=(g_1(\boldsymbol{x}),\ g_2(\boldsymbol{x}),\ \cdots,\ g_n(\boldsymbol{x}))$ とする．

【定理】

上の設定において $f,\ g_1,\ g_2,\ \cdots,\ g_n$ が有界集合上定義され，これらが0次連続であれば合成関数 $h=f\circ g$ は0次連続である．

証明

簡単のため，$g_1,\ g_2,\ \cdots,\ g_n$ の誤差関数を t ごとに最小値をとるように取り直して ϕ_0 とする．また，f の誤差関数を ϕ とする．このとき，仮定より Φ は値0をとらない：

$$\Phi(t)=\phi_0(\phi(t))$$

さて，この関数は以下のように h の誤差関数となるので，所期の結論を得る：

どの i に対しても

$$|x_i-y_i|\leqq\Phi(t).$$

$$\downarrow$$

どの j に対しても

$$|g_j(\boldsymbol{x})-g_j(\boldsymbol{y})|\leqq\phi(t).$$

$$\downarrow$$

$$|h(\boldsymbol{x})-h(\boldsymbol{y})|\leqq t.$$

■

問 例2，3の関数が0次連続であること，また $\sin x^2+100x^2$ が有界集合上0次連続であることを示せ．ただし，$\sin x$ が有界集合上0次連続であることは認めてよい．誤差関数を具体的に記述する必要はない．

一般的に1：1写像 f はその像から定義域への逆写像 g をもつ．すなわち $f\circ g$ および $g\circ f$ はそれぞれの定義域上の恒等写像である．f と g が共に0次連続であるとき，これらは**0次同相写像**という．また，変数が $(\boldsymbol{x},\ \boldsymbol{y})$ で像 $(\boldsymbol{x},\ \boldsymbol{z})$ が $\boldsymbol{z}=f(\boldsymbol{x},\ \boldsymbol{y})$ となっているとき，逆関数の $\boldsymbol{z}$ を定数 $\boldsymbol{z}_0$ に固

定したものを $\boldsymbol{z}_0=f(\boldsymbol{x},\ \boldsymbol{y})$ の**陰関数**という．

〔註〕

通常の意味で「逆関数」は0次同相写像 f に対するものを定義域（f にとっては値域）の $\boldsymbol{R}$ における閉包に拡張解釈したものをいう．また，陰関数に関しては，逆関数の定義域（与えられた関数の値域）が「領域」や「閉領域」であることを要請する．こういった話題について本書では第9章を参照されたい．

読者の多くは「逆関数」や「陰関数」の定義域，すなわちもとの関数の像を把握したいという思いを強くしているであろう．ところで0次連続関数の像を具体的に把握するのは一般的には無謀といえよう（知る人ぞ知るペアノ曲線と呼ばれる病的な写像が象徴的である）．0次同相写像についても，像を具体的に捉えるにはかなりの道具立てが必要になる．

0次同相写像とは近い点を近くに写し，遠い点を遠くに写す写像のことであり，通常それは $\boldsymbol{R}^n$ の部分集合から同じ $\boldsymbol{R}^n$ への写像である．その像を具体的に捉えるのはかなり深遠な問題である．この節ではまずその結論だけ述べよう．そのため線分・三角形・四面体の一般次元版として**単体**という語を導入する．

0次同相写像定理　K が n 次元単体，ϕ が $\boldsymbol{R}^n$ の部分集合 S 内への0次同相写像であるものとする．また $\phi(\partial K)$ から正の距離にある S の任意の2点に対しては，$\phi(\partial K)$ から正の距離にある折れ線により S 内で結べるものとする．このとき $\phi(K)$ は S において稠密である．

この根底には領域不変性定理という，空間の「次元」の特性を顕示する深遠な定理が控えている．このあたりのことに関しては第9章で一般的に取り扱う．また（多変数関数でも）微分が正当化できているときに，ある種の都合のよい条件を加味した形でも直接証明する．もちろんこの条件が適用できるときはその方が便利で重宝になる．

1-5 その他の基本的定理

多くの関数の性質は0次連続関数の四則・合成で説明できるが，中にはもう少しデリケートな扱いが必要になるものもある．この節では後の章で重宝するテクニカルな定理をいくつか用意しておこう．

制限定理 0次連続関数の定義域をその部分集合に制限したものは0次連続である．

証明

0次連続のとき，誤差関数をしかるべき集合への制限に取り直せばよい．

■

境界値定理 A を有界集合 D の部分集合で D の稠密点をもたないものとする．もし D 上の関数 f が次の2条件のうち一方をみたせば f は D 上で0次連続である．

1) f の $D-A$ への制限は0次連続であり，また A の各点 $\boldsymbol{a}$ に対してこれを非孤立点として含む D の部分集合 S_a をうまく選ぶと，f の S_a への制限が0次連続である．

2) f の A への制限は0次連続であり，正の2変数 $(t,\ u)$ をもつ正値関数 $\Phi(u,\ t)$ で u を固定するごとに D から A の u-近傍を除いた範囲で f の誤差関数となるものが存在する．また次の性質をみたす正変数で正値の関数 ϕ が存在する：

$D-A$ の点 $\boldsymbol{x}$ の $\phi(t)$-近傍に A の点が存在すれば，
その点 $\boldsymbol{a}$ を $|f(\boldsymbol{x})-f(\boldsymbol{a})|\leqq t$ となるようにとれる．

証明

第1の条件のもとでは，f の D における誤差関数 ϕ として f の $D-A$ への制限の誤差関数 ϕ_0 より本質的に小さい値をとる正値関数（例えば 2^{-1}

ϕ_0) を選べばよい．そこで t より大きい数 τ と $|\boldsymbol{x}-\boldsymbol{y}|\leqq\phi(t)$ をみたす D の点 $\boldsymbol{x}$，$\boldsymbol{y}$ に対して $|f(\boldsymbol{x})-f(\boldsymbol{y})|$ を調べてみよう．もし $\boldsymbol{x}$ が $D-A$ に属さないときは f の S_x における誤差関数 ϕ_x を用いて，$|\boldsymbol{x}_0-\boldsymbol{x}|\leqq\dfrac{\phi_0(t)-\phi(t)}{2}$ かつ $|f(\boldsymbol{x}_0)-f(\boldsymbol{x})|\leqq\dfrac{\tau-t}{2}$ をみたす $D-A$ の点 $\boldsymbol{x}_0$ をとり，$\boldsymbol{x}$ が属するときは $\boldsymbol{x}_0=\boldsymbol{x}$ とする．$\boldsymbol{y}$ についても同様の $\boldsymbol{y}_0$ をとる．その結果，$|\boldsymbol{x}_0-\boldsymbol{y}_0|\leqq\phi_0(t)$ となり，次の結論を得る：

$$
\begin{aligned}
&|f(\boldsymbol{x})-f(\boldsymbol{y})|\\
&\leqq|f(\boldsymbol{x})-f(\boldsymbol{x}_0)|+|f(\boldsymbol{x}_0)-f(\boldsymbol{y}_0)|\\
&\quad+|f(\boldsymbol{y}_0)-f(\boldsymbol{y})|\\
&\leqq t+\frac{2(\tau-t)}{2}=\tau.
\end{aligned}
$$

第2の条件のもとではまず f の A への制限の誤差関数を ϕ_0 とする．ここで $s=\min\left\{\phi\left(\dfrac{t}{3}\right),\ \dfrac{\phi_0\left(\dfrac{t}{3}\right)}{3}\right\}$ とし，f の D 上の誤差関数として $\phi(t)=\min\left\{\dfrac{s}{2},\ \Phi\left(\dfrac{s}{2},\ t\right)\right\}$ と定める．このとき $|\boldsymbol{x}-\boldsymbol{y}|\leqq\phi(t)$ となる D の2点 $\boldsymbol{x}$，$\boldsymbol{y}$ は共に A の s-近傍に属するか，どちらも $\dfrac{s}{2}$ 近傍に属さないかのどちらかである．

後者の場合，$\Phi\left(\dfrac{s}{2},\ t\right)$ が $\dfrac{s}{2}$-近傍の外での変数 t に関する誤差関数であるから $|f(\boldsymbol{x})-f(\boldsymbol{y})|\leqq t$ である．

前者の場合，$|\boldsymbol{x}-\boldsymbol{a}|\leqq s$，$|\boldsymbol{y}-\boldsymbol{b}|\leqq s$ となる A の点 $\boldsymbol{a}$，$\boldsymbol{b}$ を $|f(\boldsymbol{x})-f(\boldsymbol{a})|\leqq\dfrac{t}{3}$，$|f(\boldsymbol{y})-f(\boldsymbol{b})|\leqq\dfrac{t}{3}$ となるように選ぶ．その結果 $|\boldsymbol{a}-\boldsymbol{b}|\leqq 3s\leqq\phi_0\left(\dfrac{t}{3}\right)$ となり

$$
\begin{aligned}
&|f(\boldsymbol{x})-f(\boldsymbol{y})|\\
&\leqq|f(\boldsymbol{x})-f(\boldsymbol{a})|+|f(\boldsymbol{a})-f(\boldsymbol{b})|+|f(\boldsymbol{b})-f(\boldsymbol{y})|
\end{aligned}
$$

$$\leqq \frac{t}{3} + \frac{t}{3} + \frac{t}{3} < t$$

を得る. ■

第2章

1変数関数の微分

微分の全体像をつかむには後章の多変数関数の微分から始めた方がよいのであるが，この章と次の章ではその前段階として具体的な取扱いによって感覚を養うことを目的とする．ここでは実数からなる1つの集合Dを固定し，D上の関数に対して，微分を中心として種々の性質について考察を加える．Dについては特に限定しないが，後の章でいわゆる（関）数列を論じるまでは区間だと思って読んでも不都合は生じない．

2-1　m 次平均変化率と m 次連続性

fをD上定義された1変数の関数とする．相異なるx，yに対して，$\dfrac{f(x)-f(y)}{x-y}$をfの（x，y）における（1次）**平均変化率**といい，$f^{[1]}(x, y)$と表す．

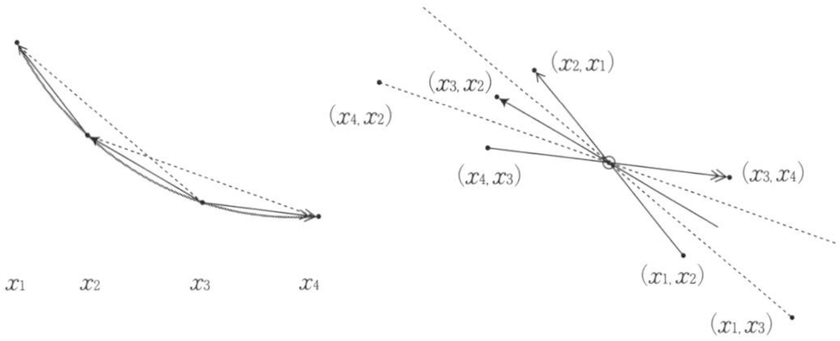

一般にどれか2つ以上が一致するx_0, x_1, $\cdots$, x_mの組$(x_0, x_1, \cdots, x_m)$の全体をΔ_mと表す．$D^m-\Delta_m$における**m次平均変化率**$f^{[m]}(x_0, x_1, \cdots, x_m)$を次のように帰納的に定義する：

$$f^{[m]}(x_0, x_1, \cdots, x_m) = \frac{(f^{[m-1]}(x_0, x_1, \cdots, x_{m-1})-f^{[m-1]}(x_1, x_2, \cdots, x_m))}{(x_0-x_m)}$$

また，この延長線として0次平均変化率$f^{[0]}(x)$を$f(x)$と定める．

問　$f(x)=x^3$とする．このとき$f^{[1]}$, $f^{[2]}$, $f^{[3]}$, $f^{[4]}$を求めよ．

因数定理によれば，多項式fに対する$f^{[m]}(x_0, x_1, \cdots, x_m)$は$x_0$, x_1, $\cdots$, x_mに関する多項式であることがmに関する帰納法で確認できる．

問　$f(x)=\dfrac{1}{a-x}$とする（aは定数とする）．このとき次の等式を示せ：

$$f^{[m]}(x_0, x_1, \cdots, x_m) = \frac{1}{(a-x_0)(a-x_1)\cdots(a-x_m)}$$

展開定理　$f^{[m]}(x_0, x_1, \cdots, x_m)=\displaystyle\sum_j \frac{f(x_j)}{\prod_{k(\neq j)}(x_j-x_k)}$.

この定理により$f^{[m]}$はx_0, x_1, $\cdots$, x_mに関して対称であることがわかる．ここに$\sum$はjについての和，$\prod$はkについての積を表す．また，和や積は（　）内の条件をみたす範囲をわたるものとする．

本書では和や積の条件をこのルールで表記するので$k(\neq j)$はあらかじめ設定してあるjとは異なるkについての，$k(\neq)j$は異なるk, jの対に関する和・積を表す．■

問　上の定理を m が0，1，2のときに確認せよ．ただし0個の積は1であるとみなす．

問　上の定理を m に関する帰納法で証明せよ．

非負整数 m に対し関数 f が $\boldsymbol{m}$ **次連続**であるとは，$f^{[m]}$ が D^{m+1} 上の0次連続関数に拡張できることをいう．拡張は一般的には一通りではないが，それを1つ固定したときは，元来のものと区別せず $f^{[m]}$ と表す．また，1変数関数に限るが，いかなる非負整数 m に対しても m 次連続である関数は $\boldsymbol{\infty}$ **次連続**であるという．

旧来の実数論のもと閉区間上では C^m 級と呼ばれる概念と一致する．（この段落のことは m が ∞ のときにも適用する）．

問　$f^{[m]}$ の D^{m+1} への拡張が $(a,\ \cdots,\ a)$ において一通りの値をとる条件は $(a,\ \cdots,\ a)$ が D^{m+1} において孤立点でない，すなわち a が D において孤立点ではないことであることを示せ．

a が孤立点でないときには $f^{[m]}(a,\ \cdots,\ a)$ の値は重要な意味をもつ．特に $m=1$ のとき，$f^{[1]}(a,\ a)$ を a における**微分係数**という．また，非孤立点集合上で点 a に対し $f^{[1]}(a,\ a)$ を対応させる関数を f の**導関数**といい，$\dfrac{df(x)}{dx}$，$f'(x)$，$\dfrac{df}{dx}$，f' などと表記する．導関数を求めることを，微分するという．

例

$f(x)=x$ とする．このときは

$$f(x)-f(y)=1\cdot(x-y).$$

よって $f^{[1]}(x,\ y)$ はその0次連続性より1に一致し，$f'(x)=1$ が導かれる．また，$m>1$ のとき $f^{[m]}$ は0である．

さて，平均変化率の処理は一般的にはかなり厄介なものであるが，初等関数を微分するだけであればもう少し簡便にできる．それが第0章で行った形式的操作である．これを正当化するため，まずは基本的な関数の導関数を調べよう．後に分かることであるが，擬区間上 m 次連続であるためには，導関数をとる操作を m 回繰り返して0次連続関数に達することが必要十分である．

例

$f(x)=x^{\frac{1}{2}}$ とする．このときは

$$f(x)-f(y)=\frac{x^{\frac{1}{2}}-y^{\frac{1}{2}}}{x-y}.$$

よって $f^{[1]}(x,\ y)=\dfrac{1}{x^{\frac{1}{2}}+y^{\frac{1}{2}}}$ であり，$f'(x)=\dfrac{x^{-\frac{1}{2}}}{2}$ である．

通常は「無理関数」と捉えられているものでも超越関数は扱いが違う．ここでは積分で与えられる関数である log と arcsin について述べる．

例

$f(x)=\log x$ とする．その平均変化率は

$$\begin{aligned} f^{[1]}(x,\ y)&=\int_x^y t^{-1}\frac{dt}{y-x}\\ &=\int_0^1 (x+(y-x)s)^{-1}ds \end{aligned}$$

である（高次の平均変化率についても同様の積分表示が得られる）．このことから次の関係が得られる：

$$\min\left\{\frac{1}{x},\ \frac{1}{y}\right\}<f^{[1]}(x,\ y)<\max\left\{\frac{1}{x},\ \frac{1}{y}\right\}.\quad (*)$$

例

$f(x)=\arcsin x$ とする．その平均変化率は

$$f^{[1]}(x,\ y)=\int_x^y(1-t^2)^{-\frac{1}{2}}\frac{dt}{y-x}$$
$$=\int_0^1(1-(x+(y-x)s)^2)^{-\frac{1}{2}}ds$$

である．このことから次の関係が得られる：

$$\min\{(1-x^2)^{-\frac{1}{2}},\ (1-y^2)^{-\frac{1}{2}}\}$$
$$<f^{[1]}(x,\ y) \qquad (*)$$
$$<\max\{(1-x^2)^{-\frac{1}{2}},\ (1-y^2)^{-\frac{1}{2}}\}.$$

指数関数や三角関数についてもこれらの逆関数として平均変化率の処理が可能である．

基本的な初等関数の微分はこのように求められ，あとは演算と微分の関係を調べればよい．例えば e^x や $\sin x$ などについては逆関数と微分の関係により求められるのであるが，これについては次節で述べる．構成された関数の定義域は f を構成する個々の関数の端の点を除外した範囲である．

問　$f(x)=|x|=(x^2)^{\frac{1}{2}}$ の構成樹から，この関数が自然に微分できる範囲を求めよ．

参考

擬区間上で定義された関数 f を考える．平均変化率 $f^{[1]}(x,\ y)$ が y を決めるごとに x に関して連続であるように $D\times D$ まで拡張できるとき f は微分可能であるという慣習があるが，本書では2変数関数はあくまで2変数で捉える．

参考

関数の定義域は実数全域を含め区間であることが多く，a が区間の左端，右端のとき a における微分はそれぞれ，a の右から，左からの微分という慣習がある．

<補題>

f を m 次連続関数とする．このとき次の関係が成り立つ：

i） $f^{[m-1]}(x_1, \cdots, x_m)-f^{[m-1]}(y_1, \cdots, y_m)$

$$=\sum_i f^{[m]}(x_1, \cdots, x_i, y_i, \cdots, y_m)(x_i-y_i)$$

ii） $(f\cdot g)^{[m]}(x_0, x_1, \cdots, x_m)$

$$=\sum_i f^{[i]}(x_0, \cdots, x_i)g^{[m-i]}(x_i, \cdots, x_m)$$

ここに $(f\cdot g)$ は x に対し $f(x)\cdot g(x)$ を対応させる関数とする．

問　上の補題 i）を証明せよ．

問　上の補題 ii）を $m=0, 1, 2$ のときに確認せよ．また，帰納法により一般的に証明せよ．

【定理】

m を非負整数とする．このとき，有界集合上の $m+1$ 次連続関数は m 次連続である．

証明

上の補題 i）で y を一定にすると，$m+1$ 次連続関数 f に対し $f^{[m]}$ が 0 次連続な関数の和・差・積を組み合わせてできており 0 次連続であることがわかる．■

2-2　微分と演算・合成の関係

この節ではとくに微分について論じる．このため，x を m 個並べたベクトル $(x, \cdots, x)$ は $(x)^m$ と略記する．

一次結合の m 次連続性定理　有界集合上の m 次連続関数 f，g および

定数 a, b に対し一次結合 $af+bg$ は m 次連続であり，下の関係がなりたつ：

$$(af+bg)^{[m]}(x)^{m+1}$$
$$=af^{[m]}(x)^{m+1}+bg^{[m]}(x)^{m+1}.$$

証明

0次連続関数の性質による. ■

積の m 次連続性定理有界集合上の m 次連続関数の積は m 次連続であり，次の関係が成り立つ：

$$(f\cdot g)^{[m]}(x)^{m+1}$$
$$=\sum_i f^{[i]}(x)^{i+1}\cdot g^{[m-i]}(x)^{m-i+1}.$$

証明

補題ii）に $(x)^{m+1}$ を代入すると，m 次連続関数が $m>i$ をみたす i に対して i 次連続であること，また加法・乗法が有界集合上0次連続性を保存することから所期の結論を得る. ■

逆数の m 次連続定理　$0<p$, q に対し，$[p, q]$ 上の関数 $f(x)=\dfrac{1}{a-x}$ に対し次の等式が成り立つ：

$$f^{[m]}[x]=\frac{1}{(a-x)^{m+1}}$$

証明

前節の第1問：

$$f^{[m]}(x_0,\ x_1,\ \cdots,\ x_m)$$
$$=\frac{1}{(a-x_0)(a-x_1)\cdots(a-x_m)}$$

に $x_0=x_1=\cdots=x_m=x$ を代入して所期の結論を得る． ■

合成微分定理 f を有界集合 D 上の 1 次連続関数とする．また，g を有界集合 E 上定義され，値が D に属する 1 次連続関数とする．このとき合成関数 $h(x)=f(g(x))$ は D 上の 1 次連続関数で，a における微分係数は $f'(g(a))g'(a)$ である．

証明

$X=g(x)$，$Y=g(y)$ とおくと

$$
\begin{aligned}
&f(g(x))-f(g(y))=f(X)-f(Y)\\
&=f^{[1]}(X,\ Y))(X-Y)\\
&=f^{[1]}(X,\ Y)(g(x)-g(y))\\
&=f^{[1]}(g(x),\ g(y))((x-y)g^{[1]}(x,\ y))\\
&=(f^{[1]}(g(x),\ g(y))g^{[1]}(x,\ y))(x-y)
\end{aligned}
$$

となり，0 次連続な関数の積と合成でできた関数 $h^{[1]}$ が得られるので所期の結論に達する． ■

逆関数の微分定理 f を有界擬区間 I 上の 1 次連続な狭義単調増加関数とし，g はその逆関数であるとする．もし f' の逆数 $\dfrac{1}{f'}$ が I 上で 0 次連続であれば g は 1 次連続であり，$g'(p)=\dfrac{1}{f'(g(p))}$ である．

問 上の定理を証明せよ．

この 2 つの微分定理は定性的には m 次連続関数についても成立するが，定量的な記述は複雑になる．与えられた関数が 1 変数であるのに 1 変数の枠をはみ出して処理することに不満をもつ読者もあろうが，（m 次）平均変化率は元来多変数なのである．あくまでここで解決したい読者のためには，現段階での証明のスケッチを述べよう．一次結合・積・合成（・逆数

（・逆関数））で構成される関数の m 次平均変化率は m 次までの平均変化率の一次結合・積・合成（・逆数（・逆関数））で表される．このことを帰納法で示せばよいわけである．

m 次連続関数 f に対し $\dfrac{1}{f(x)}$ の m 次平均変化率も具体的に記述するのは容易ではない．この関数は $\dfrac{1}{z}$ の z に $f(x)$ を代入したものであると考え，逆数と合成で構成した関数と理解するべきであろう．

問　ε を正数とする．D 上の1次連続関数 f に対し $\dfrac{1}{f(x)}$ は $f(x)>\varepsilon$ において定義される1次連続関数であって a における微分係数は $\dfrac{f'(a)}{(f(a))^2}$ である．このことを示せ．

2-3　高次連続性と繰り返し微分

高次の平均変化率の値は1次のときに増して複雑であり，このままでは $\log x$ のような単純な関数でも m 次連続性を判定するのは困難である．そこで登場するのが関数を繰り返し微分していく方法である．すなわち，1次連続関数は孤立点ではない点の集合上の導関数をとる操作を m 回繰り返して0次連続関数 $f^{(m)}$ を得るとき，U^m 級であるといい，$f^{(m)}$ を **m 次導関数**という（いかなる非負整数 m に対しても U^m 級である関数は U^ω 級であるという）．すると次の定理に述べるように m 次連続関数は必然的に m 回繰り返し1次連続である．しかし逆にこの性質が m 次連続性を保証するには定義域に制約がつく．これについての議論は次章に任すが，その最終的な根拠は後に扱う「（多変数の）積分」にまつことになる．

繰返し微分の定理　m を非負整数とする．このとき m 次連続関数 f は U^m 級であり，その m 次導関数 $f^{(m)}$ はその定義域 D_m の非孤立点 a においては次の関係をみたす：

$$f^{(m)}(a)=m\,!\,f^{[m]}(a,\ \cdots,\ a).$$

ここに $m\,!$ は $1\times2\times\cdots\times m$ を表す（とくに $m=0$ のときは1とする）.

証明

m についての帰納法で示そう．まず $m=0$ のときは明白である．次に，ある m まで成立しているとする．このとき補題より

$$\begin{aligned}&f^{(m-1)}(x)-f^{(m-1)}(y)\\&=(m-1)\,!\,(f^{[m-1]}(x,\ \cdots,\ x)-f^{[m-1]}(y,\ \cdots,\ y))\\&=(m-1)\,!\sum_i f^{[m]}(x_1,\ \cdots,\ x_i,\ y_i,\ \cdots,\ y_m)(x_i-y_i)\\&=((m-1)\,!\sum_i f^{[m]}(x_1,\ \cdots,\ x_i,\ y_i,\ \cdots,\ y_m))(x-y)\end{aligned}$$

を得る．ここに x_j, y_j はそれぞれ x, y を表す．したがって $f^{(m-1)}$ は1次連続であり，その非孤立点 a における微分係数は $m\,!\,f^{[m]}(a,\ \cdots,\ a)$ である．

■

ライプニッツの公式　f, g を有界集合 D 上の m 次連続関数とし，a を右辺が定義される D の点とする．このとき次の等式が成り立つ：

$$(f\cdot g)^{(m)}(a)=\sum_i {}_mC_i f^{(i)}(a)\cdot g^{(m-i)}(a).$$

ここに ${}_mC_i$ は $\dfrac{m\,!}{i\,!\,(m-i)\,!}$ を表す.

問　ライプニッツの公式を導け（ヒント：積の m 次連続性定理）.

重複原理　m を非負整数，f を X 上の m 次連続関数とする．X^m の点 $\boldsymbol{a}=(a_0,\ a_1,\ \cdots,\ a_m)$ が与えられたとき，$\{0,\ 1,\ \cdots,\ m\}$ を「同じ座標値をとる番号の集団」に分割したものを D とし，それぞれの集団を d と表す．このとき，このとき点 $\boldsymbol{a}$ における $f^{[m]}$ の値は次の等式で表される：

$$f^{[m]}(a_0,\ a_1,\ \cdots,\ a_m)$$
$$=\sum_{d\in D}\frac{f_d{}^{(|d|-1)}(\boldsymbol{a}\ ;\ a_d)}{(|d|-1)\,!}.$$

ここに a_d は d の元 i に対する a_i を表し，f_d は次の関係で与えられる関数を表す：

$$f_d(\boldsymbol{a}\ ;\ x)=\frac{f(x)}{\prod_{i(\notin d)}(x-a_i)}.$$

証明

f を m 次連続関数の展開定理により展開し，同じ座標値をとる番号の集団をまとめると，繰り返し微分の定理により所期の結論を得る．■

〔註〕

この命題が成立するには f は $\max\{|d|-1\}$ 次連続であれば十分であるが，ここでは立ち入らない．

さて，m 次連続な関数は微分を m 回繰り返して 0 次連続関数を得るが逆はどうか．次章で見るように結論をいえば常識的な設定では肯定的であり，初等関数は構成樹の各段階における定義域の共通部分に含まれる閉区間において ∞ 次連続であることが判明する．

第3章 擬区間上の関数の微分

この章では擬区間上の関数の微分について調べ，初等関数の簡便な扱いを正当化する．初等関数のいくつかは加減乗除とその組合せおよびルートなどその陰関数である「代数関数」で表されるが，対数関数などのように積分を必要とするものもある．こういった関数の高次連続性を具体的に調べるには高次平均変化率を扱うことになるが，これは実際にはかなりデリケートな代物である．そこでこれを安直に行う方法がある．それが次の定理である．

高次微分誤差の基本定理　m を自然数，f を有界擬区間 I 上の U^m 級関数とする．このとき $f^{(m)}$ の誤差関数 ϕ は $m!f^{[m]}$ の誤差関数であり，f は m 次連続である．

この定理の基本になっているのが次の定理である．残念ながらこの命題の証明はこの段階では未定義である「積分」を使って記述されているので，この段階では完結しない．そこで，これまでに何とはなく聞きかじったことのある読者が漠然と把握できるように紹介するにとどめる．

高次平均変化率の積分表示定理　f を擬区間 I 上の U^m 級関数とする．このとき，その m 次平均変化率は次の式の $0\leqq s_k(k=1,\ 2,\ \cdots,\ m)$，$\sum s_k\leqq 1$ における重積分である：

$$f^{(m)}(c_0+\sum(c_k-c_0)s_k).$$

参考

旧来の実数論の仮定の下で閉区間上の連続関数を考えるとこれは０次連続であり，この定理の条件の根底にある０次連続性は連続性で置き換えることができる．

3-1 $m=1$ のケースの具体的な処理

この章の最大の内容である高次微分誤差の基本定理の証明は一般的には後章の積分に関する議論を要する．しかし，せめて $m=1$ のときぐらいは今解決しておきたいという読者のために下にその少々込み入った証明を挙げる．それだけでも，後述するロピタルの定理の基礎を直接与えることにもなるのである．

増加原理　f を擬区間 I 上の１次連続関数とする．このとき f の導関数が非負値関数であることは f が広義単調増加であるための必要十分条件である．

証明

必要性は $f^{[1]}$ が非負値をとることから分かるので，十分性を示す．$f(x)>f(x')$ をみたす x，$x'(x<x')$ が与えられているとする．まず正数 s をうまくとることにより，I^2 の２点を絶対値距離 s 未満の範囲でいかようにとっても $f^{[1]}$ の誤差が $|f^{[1]}(x,\ x')|$ 未満になるようにする．さらに擬区間 $[x,\ x']$ を幅 $\dfrac{s}{2}$ 以内に等分した小擬区間の内部から I の点を１つずつ選び小さい順に並べて x_1，x_2，…，x_{r-1} とし，$x_0=x$，$x_r=x'$ と定める．このとき $|x_i-x_{i-1}|$ はどれも s 未満であり，$f^{[1]}$ の対角部の値が非負であることから $f^{[1]}(x_i,\ x_{i-1})$ はすべて $f^{[1]}(x,\ x')$ より大きい．したがって

$$
\begin{aligned}
&f(x')-f(x)\\
&=\sum(f(x_i)-f(x_{i-1}))\\
&=\sum f^{[1]}(x_i,\ x_{i-1})(x_i-x_{i-1})
\end{aligned}
$$

$$
\begin{aligned}
&>\sum f^{[1]}(x,\ x')(x_i - x_{i-1})\\
&= f(x') - f(x)
\end{aligned}
$$

となり，矛盾する．したがってこのような x，x' は存在しない（擬区間をどう区切ったときも，平均変化率が全体の勾配以下になる小擬区間ができることに注意）．すなわち f は広義単調増加関数である． ■

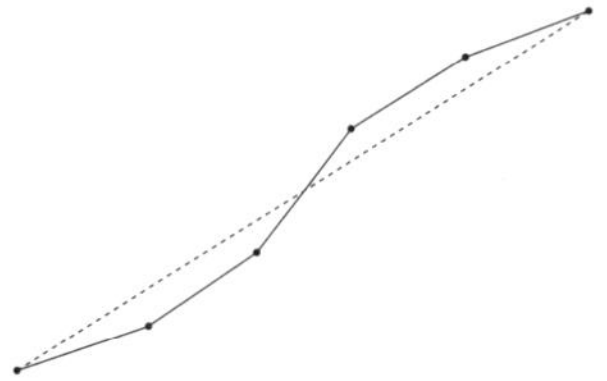

系 1　増加定理の仮定に加え，$f^{[1]}$ が正値であれば f は狭義単調増加関数である．

証明

f が同じ値をとる 2 点があるとし，その間の小擬区間 J において考えよう．f は J において広義単調増加になるためには一定でなければならず，その結果 $f^{[1]}$ は 0 となり仮定に反する． ■

系 2（平均値の不等式）　f を擬区間 $I=[a,\ b]$ 上の 1 次連続関数とする．このとき I の点 u，v で次の不等式をみたすものが存在する：

$$f^{(m)}(u) \leqq f^{[1]}(a,\ b) \leqq f^{(1)}(v).$$

証明

$f(x) - f^{[1]}(a,\ b)x$ に系 1 を適用することにより左側の不等式を得る．右側も同様に得られる．

微分誤差の基本定理　f を有界擬区間 I 上の 1 次連続関数とする．この

とき $f^{(1)}$ の誤差関数 ϕ は $f^{[1]}$ の誤差関数である．

証明

この定理は「高次偏平均変化率の積分表示定理（第7章末）を用いると容易なのであるが，この際直接的に証明してみよう．正数 τ，t（ただし $\tau>t$）および $|x-x^*|\leqq\phi(t)$，$|y-y^*|\leqq\phi(t)$ をみたす I^2 の点 $(x,\ y)$，$(x^*,\ y^*)$ に対し $|f^{[1]}(x,\ y)-f^{[1]}(x^*,\ y^*)|\leqq\tau$ を示そう．$f^{[1]}$ が対称関数であることから，$(x-y)(x^*-y^*)<0$ のときには $(y,\ x)$ もまた $(x^*,\ y^*)$ との距離がやはり $\phi(t)$ 以下であるので $(x,\ y)$ の代わりに $(y,\ x)$ を考えればよい．そこで，簡単のため $x\leqq y$，$x^*\leqq y^*$ であるとしよう．

I の広さを d とし，$\dfrac{3d}{\phi(\tau-t)}$ を越える最小整数を N とする．1 から N までの整数 i ごとに $i-1<Nu_i<i$ となる u_i をうまく選び，$x_i=x+(y-x)u_i$ で定めた x_i が I に属するようにする．また便宜上 $u_0=0$，$u_{N+1}=1$ とし，$x_0=x$，$x_{N+1}=y$ とする．

ここで $x\neq y$ のときは $[0,\ 1]$ 上の0次連続関数 g を次のように定める：

0 から N までの整数 i に対して $u_i\leqq u\leqq u_{i+1}$ において

$$
\begin{aligned}
&(u_{i+1}-u_i)((y-x)g(u)+f(x))\\
&=(u_{i+1}-u)f(x_i)+(u-u_i)f(x_{i+1}).
\end{aligned}
$$

また $x=y$ のときは $g(u)=f^{[1]}(x,\ y)u$ と定める．このとき g のグラフは折れ線で表され，i ごとに u_i と u_{i+1} の間では傾き $f^{[1]}(x_i,\ x_{i+1})$ の直線であることに注意しよう．ここで $(x^*,\ y^*)$ についても $u^*{}_j$，$x^*{}_j$，g^* を同様に定めておく．

$[0,\ 1]$ を点 u_i，$u^*{}_j$（重複を込めて $2N$ 個）で区切ってできる小区間の点 v を考える．今 $k-1\leqq Nv\leqq k$ とすると，$u_{k-1}<v<u_{k+1}$ かつ $u^*{}_{k-1}<v<u^*{}_{k+1}$ である（ただし k が0のときは番号 $k-1$ を0，N のときは番号 $k+1$ を N に代える）．ここで問題の小区間における g，g^* のグラフの傾き $f^{[1]}(x_i,\ x_{i+1})$，$f^{[1]}(x^*{}_j,\ x^*{}_{j+1})$ を考える．

ここで増加原理の系2を擬区間 $[x,\ y]$ に適用して得られる u，v の一方を $(1-u)x+uy$ とし，$[x^*,\ y^*]$ に適用して得られる u^*，v^* の一方を

$(1-u^*)x^*+u^*y^*$ とするとき，それぞれどちらを選んでも $|u-u^*|\leqq\dfrac{3}{N}$ である．したがって次の結論を得る：

$$\begin{aligned}&|(1-u)x+uy-(1-u^*)x^*-u^*y^*|\\ \leqq&|(1-u)(x-x^*)+u(y-y^*)|\\ +&|(u^*-u)(x^*-y^*)|\\ \leqq&\phi(t)+\frac{3d}{N}\\ \leqq&\phi(t)+\phi(\tau-t).\end{aligned}$$

ところで I の稠密性によりこの 2 点の間には両点からの距離がそれぞれ $\phi(t)$，$\phi(\tau-t)$ 未満となる I の点が存在するので，両点における f' の値の差は $t+(\tau-t)=\tau$ 以下である．その結果，g と g^* のグラフの各小区間における傾きが τ 以下であることより，$g(1)=f^{[1]}(x,\ y)$ と $g^*(1)=f^{[1]}(x^*,\ y^*)$ の差は τ 以下である． ■

3-2 ロピタルの定理

初等関数を具体的に扱っているとデリケートな点が出現しそこでの処理が渇望されることがよくある．それを可能にするのがこの節で扱う定理である．以下この節では，a を左端，b を右端とする有界閉擬区間 I を固定し，その点 u に対して $x>u$ をみたす I の点の全体を I_u と表す．

ロピタルの定理　I 上の 0 次連続関数 f，g が $f(a)=g(a)=0$ をみたしており，特に g は 0 次連続な逆関数をもつとする．また $h=f\circ g$ は各 $g^{-1}(I_u)$ 上で 1 次連続であるとし，その導関数は I 上の 0 次連続関数 k を用いて $k\circ g^{-1}$ と表されるものとする．このとき $\dfrac{f(x)}{g(x)}$ は $x=a$ において値を $k(g(a))$ と定めることによって I 上の 0 次連続関数に拡張できる．

証明

関数hの対角線まで拡張された平均変化率Hはuごとに$(g(I_u))^2$上で0次連続関数であるが，微分誤差の基本定理により，$k\circ g^{-1}$と同じ誤差関数κをもつ．よってHは$(g(I-\{a\}))^2$においてこれを誤差関数とする0次連続関数となるので，$K=H(g\times g)$は$(I-\{a\})^2$において0次連続である．また$(a,\ a)$に対しては対角線上0次連続，またそれ以外のx軸上の点に対してはy方向，y軸上の点に対してはx方向に0次連続である．したがって0次連続性に関する境界値定理の第1条件をみたすのでI^2において0次連続である．したがって$\dfrac{f(x)}{g(x)}$はI上の0次連続関数$K(x,\ a)$に拡張される．■

系　この定理は擬区間の左端aの代わりに右端bの側で記述することもできる．また，aが$-\infty$のときも$F(x)=f\left(\dfrac{1}{x}\right)$，$G(x)=g\left(\dfrac{1}{x}\right)$に上の結果を適用して同様の結論を得る．

例

$\displaystyle\lim_{x\to 0}\frac{\sin x}{x}=1$である．通常の論理構成ではこれにロピタルの定理を使うのは誤りであり，厳密には「曲線の長さ」についての議論を要する．ところで本書の流儀では$\arcsin x$が面積で定義されているので，後述の「微分積分学の基本定理」によって，その導関数$(1-x^2)^{-\frac{1}{2}}$を得る．したがって次のようにしてもよいわけである：

$$\lim_{x\to 0}\frac{\sin x}{x}=\lim_{y\to 0}\frac{y}{\arcsin y}=\lim_{y\to 0}\frac{1}{(1-y^2)^{-\frac{1}{2}}}=1.$$

ロピタルの$\dfrac{\infty}{\infty}$定理　$I=[a,\ b]$を有界閉区間とする．fを$(a,\ b]$上の正値関数，g^*をI上の非負値の0次同相関数で$g^*(a)=0$をみたすものとし，$(a,\ b]$におけるg^*の逆数関数をgとする．また，$h=f\circ g^{-1}$は

$a<u\leqq b$ に対して $g([u,\ b])$ 上で1次連続であるとし，その導関数すなわち $\dfrac{f'(g^{-1}(t))}{g'(g^{-1}(t))}$ は I 上の0次連続関数 k を用いて $k\circ g^{-1}$ と表されているものとする．このとき $\dfrac{f(x)}{g(x)}$ は $x=a$ において値を $k(a)$ と定めることによって I 上の0次連続関数に拡張できる．

証明

(1-5) 境界値定理の第2の条件に当てはめてみよう．まず g^*，k の誤差関数を γ^*，κ，関数 h の平均変化率を H とし，$K=H\circ(g\times g)$ と定める．ここで $B=\{a\}\times I\cup I\times\{a\}$，$A=B\cup\varDelta$ とおき（$\varDelta$ は対角線），K を $\varDelta$ の点 $(x,\ x)$ において $k(x)$，B において値が $k(a)$ となるように I^2 まで拡張しておく．このとき K は A 上0次連続であり，その誤差に対する上界の一つを M とおく．

まず $a<u\leqq b$ とするとき微分誤差の定理により $[u,\ b]$ に属する w，x，y に対して $|K(x,\ y)-K(w,\ w)|=|H(g(x),\ g(y))-h'(g(w))|$ は $[g(u),\ g(b)]$，ひいては $[g(a),\ g(b)]$ における $k\circ g^{-1}$ のどれか2つの値の差以下であることに注意しよう．

そこで $c(t)=\min\left\{b,\ a+\kappa\left(\dfrac{t}{2}\right)\right\}$ とし，$\phi(t)=\min\left\{\kappa\left(\dfrac{t}{2}\right),\ \gamma^*\left(\dfrac{g^*(c(t))}{\left(1+\dfrac{t}{(2M)}\right)}\right)\right\}$

と定める．そこで A の $\phi(t)$-近傍にある I^2-A の点 $(x,\ y)$ に対して $|K(x,\ y)-K(p,\ q)|\leqq t$ となる A の点 $(p,\ q)$ を $(x,\ y)$ の $\phi(t)$-近傍の中で見つけよう（便宜上 $x<y$ とする）．

以下 t を固定しよう．まず $(x,\ y)$ が $\varDelta$ の $\phi(t)$- 近傍にあるときは $|x-y|\leqq\phi(t)\leqq\kappa\left(\dfrac{t}{2}\right)$ より，$[x,\ y]$ における k の値の差は $\dfrac{t}{2}$ 以下である．

したがって上記の注意により $|K(x,\ y)-K(x,\ x)|\leqq\dfrac{t}{2}$ である．

$\varDelta$ の $\phi(t)$-近傍にないときは B の $\phi(t)$-近傍に属するが，ここで $z=\min\{b,\ a+\phi(t)\}$ とおくと $a<x\leqq z<y$ となる．そこで次のように変形する：

$$
\begin{aligned}
&f(x)-f(y)\\
&=(g(x)-g(z))K(x,\ z)+(g(z)-g(y))K(z,\ y).
\end{aligned}
$$

さて，再び上記の注意により $(0,\ z)$ の元 w に対して $|K(x,\ z)-K(w,\ w)|$ は $\dfrac{t}{2}$ 以下であるが，この値の w に関する0次連続性により $|K(x,\ z)-K(a,\ a)|\leqq\dfrac{t}{2}$ であり，このことから

$$
\begin{aligned}
&|f(x)-f(y)-(g(x)-g(y))K(a,\ y)|\\
&\leqq(g(x)-g(z))\frac{t}{2}+g(z)M\\
&\leqq(g(x)-g(z))t\\
&\leqq(g(x)-g(y))t
\end{aligned}
$$

を得る．すなわち $(x,\ y)$ が A の $\phi(t)$-近傍にあるときはどのケースにしても $|K(x,\ y)-K(a,\ y)|\leqq t$ であることが分かった．したがって（1–5）境界値定理の第2の条件をみたすので，K は I^2 上で0次連続であり，これに $y=b$ を代入したものは0次連続である．さらにこれに0次連続関数 $\dfrac{f^*(b)(g^*(b)-g^*(x))}{g^*(b)(f^*(b)-f^*(x))}$ をかけることによって所期の結論が得られる．　■

系　この定理もまた区間の左端 a の代わりに右端 b の側で記述することもできる．

〔註〕

ロピタルの $\dfrac{\infty}{\infty}$ 定理が擬区間ではなく区間上で記述してあるのは $c(t)$，z において g の値が定義できていて欲しいという証明上の都合によるテクニカルな要請による．これについては現在のところ次の1)ような解決法もあるが，通常は2)のように解釈する：

1)　t ごとにこれよりも a 寄りにある擬区間の点を充てる「関数」に代える（誤差関数というものは実数の再生産に用いないので，少々人為

的でもよいと納得する…擬区間上の単調関数に対する逆関数の0次連続性でも少々人為的な誤差関数を用いている).

2) 「実数体系には,『無限回の人為的操作』といわれようと『決定不能』といわれようと,旧来の実数論・集合論的スタンスが許容する『あらゆる』操作の結果生じうるものが予め備わっている」とみなす.

系 a が $-\infty$ のときも $F(x)=f\left(\frac{1}{x}\right)$, $G(x)=g\left(\frac{1}{x}\right)$ に上の結果を適用して同様の結論を得る.

例

a, b を正数とする.このとき,$n\to\infty$ では $\log n$, n^a, e^{bn}, $n!$, n^n のうちで左のものを右のもので割ったものの極限は0である.$n!$ 以外では変数として正数をとることができる.また $\log(n!)=\sum\log k$ であることから x 軸,直線 $x=n$,曲線 $y=\log x$ で囲まれた図形の面積を $S(x)$ とおけば $S(n)<\log(n!)<S(n)+1$ となるので,$n!$ を $e^{S(n)}$ で代用して変数の実数化を行うことができる.それを踏まえて $x\to\infty$ のとき

$$\lim\left(\frac{(\log x)}{x^a}\right)=\lim\left(\frac{\left(\frac{1}{x}\right)}{(ax^{a-1})}\right)$$

$$=\lim\left(\frac{1}{(ax^a)}\right)=0$$

$$\lim\log\left(\frac{x^a}{e^{bx}}\right)=\lim(a\log x-bx)$$

$$=\lim x\left(\frac{a\log x}{x}-b\right)=-\infty$$

したがって

$$\lim\frac{x^a}{e^{bx}}=0$$

$$\lim\log\left(\frac{e^{bx}}{e^{S(x)}}\right)=\lim(bx-S(x))$$

$$=\lim x\left(\frac{b-S(x)}{x}\right)=-\infty$$

なぜなら $\lim\frac{S(x)}{x}=\lim\frac{(\log x)}{1}=\infty$ となるからである．

よって

$$\lim\frac{e^{bx}}{e^{S(x)}}=0$$

最後の $\frac{e^{S(x)}}{x^x}$ の極限についても，その対数である $f(x)=S(x)-x\log x$ を考える．これについては $f'(x)=\log x-(1+\log x)=-1$ であるから $f(1)$ とあわせて直接 $f(x)=1-x$ を得る．したがって

$$\lim\frac{e^{S(x)}}{x^x}=\lim e^{f(x)}=\lim e^{x-1}=0$$

となる．

3-3　関数の多項式近似

関数を点 a のごく近くにおいて多項式で近似することを考える．誤差が $0.0001(x-a)^3$ である近似と $(x-a)^5$ である近似とを比較しよう．後者は前者の $10000(x-a)^2$ 倍であり，それは $x-a$ が 0.1 であれば 100 倍，0.0001 であれば 0.0001 倍である．このように x が a に近ければ近いほど，誤差は低次項のが大きいことが分かる．f を m 次連続関数とする．このとき，m に関する帰納法により次の等式が成り立つ：

$$f(x)$$
$$=\sum_{i=0}^{m-1}(x-a)^i f^{[i]}(a)^{i+1}+(x-a)^m f^{[m]}(x,\ a,\ \cdots,\ a).$$

したがって $f(x)$ の近似式としては，m 次以下の多項式の範囲では $g_m(x;\boldsymbol{a})=\sum_{i=0}^{m}(x-a)^i f^{[i]}(a)^{i+1}$ を選ぶのが $x=a$ の近くでは最善になる．これを f

の a における m 次主要項と呼ぶ．$f^{[m]}$ の誤差関数 ϕ が与えられたとき，$|x-a| \leqq \phi(t)$ にとれば $|f(x)-g_m(x)| \leqq t(x-a)^m$ となる．

さて，ここで擬区間の特殊性を活用して，この誤差を $f^{(m)}$ で表そう．

テイラーの定理　f を閉擬区間 I 上の $m-1$ 次連続関数とする．また a, b を I の点とする．このとき次の関係をみたす I の点 c, d が a と b の中間に存在する：

$$
\begin{aligned}
&\frac{(b-a)^m f^{(m)}(c)}{m!} \\
&\leqq f(b)-g_{m-1}(b\,;\,\boldsymbol{a}) \\
&\leqq \frac{(b-a)^m f^{(m)}(d)}{m!}.
\end{aligned}
$$

証明

高次平均変化率の評価定理により明白である．■

例

関数 $f(x)=e^x$ に対し $a=0$, $b=1$, $m=10$ とおいてテイラーの定理を適用してみよう．主要部 $g_{m-1}(0\,;\,0)$ は $\frac{1}{0!}+\frac{1}{1!}+\frac{1}{2!}+\frac{1}{3!}+\frac{1}{4!}+\frac{1}{5!}+\frac{1}{6!}+\frac{1}{7!}+\frac{1}{8!}+\frac{1}{9!}$ であり，誤差は $\frac{e^c}{10!}<\frac{e}{10!}<\frac{4}{10!}$ である（この例の結果をフィード・バックすれば $e<2.72$ としてもよいことが分かる）．

問　主要部および誤差の範囲を電卓で求めよ．

テイラーの定理における誤差項の表示をラグランジュの剰余という．この表示は一番普通のものであるが，関数によっては誤差が小さいことが見えにくく，他の表示が望ましいこともある．例えば $f(x)=(1+x)^\alpha$（α は実数）では誤差項を $\frac{(b-a)(b-c)^{n-1}f^{(m)}(c)}{(n-1)!}$ で評価するのが適している

(コーシーの剰余). このようにするには高次平均変化率の評価定理に代わって誤差項の積分表示を変形する必要があるが, ここでは深入りしない.

例

関数 $f(x)=\arctan x$ を $x=0$ の近辺で近似してみよう. テイラーの定理に従って x^i の係数を順に求めてみると 0, 1, 0, $-\frac{1}{3}$, 0, $\frac{1}{5}$, … となる. これを計算で確認することは可能であるが, 誤差項まで込めて満足できる形にするのは困難であろう. ここでは途中から横道へそれて次の $g(x)$ が $\arctan x$ からどの程度ずれているかを調べよう.

$$g(x) = \frac{x^1}{1} - \frac{x^3}{3} + \frac{x^5}{5} \cdots + \frac{(-1)^{k-1} x^{2k-1}}{2k-1}.$$

とおくとき $\dfrac{d(\arctan x - g(x))}{dx} = \dfrac{(-1)^{k-1} x^{2k}}{1+x^2}$ である. したがって正数 b に対して $|\arctan b - g(b)|$ は x 軸, y 軸, 直線 $x=b$, および曲線 $y=\dfrac{x^{2k}}{1+x^2}$ で囲まれる部分の面積であり, 曲線を $y=x^{2k}\left(=\dfrac{d\left(\dfrac{x^{2k+1}}{(2k+1)}\right)}{dx}\right)$ におきかえたもの $\dfrac{b^{2k+1}-0^{2k+1}}{2k+1}$ 以下であることが分かる(後述する「定積分」を参照). ここで b にいろいろな値を入れたものは円周率の計算に有効である. 誤差項が小さい値になるためには $b=1$ が限界であり, このときの主要項をどこまでも続けた記述を「Gregory-Leibnitz の公式」という：

$$\frac{\pi}{4} = \arctan 1 = 1 - \frac{1}{3} + \frac{1}{5} - \frac{1}{7} + \cdots$$

$b=1$ では誤差項の収束が余りにも遅いので, ここでは $\tan 30° = 3^{-\frac{1}{2}}$ に注目して円周率を求めてみよう$\left(30° \text{は弧度法では } \dfrac{\pi}{6}\right)$. 主要部を求めるには

$$\arctan b \fallingdotseq \frac{b^1}{1} - \frac{b^3}{3} + \frac{b^5}{5} - \frac{b^7}{7} + \frac{b^9}{9}$$
$$= \left(1 - \frac{b^2}{3} + \frac{b^4}{5} - \frac{b^6}{7} + \frac{b^8}{9}\right) b$$

とおいて $b = 3^{-\frac{1}{2}}$ (当然 $b^2 = \frac{1}{3}$, $b^4 = \frac{1}{9}$, …) を代入すればよい．誤差項の絶対値は $\frac{b^{11}}{11}$ 以下である．

問　電卓で $\frac{\pi}{6}$ を上の方法で求め，誤差項を小数第 4 位まで調べることによって，π の小数第 2 位までの近似が 3.14 であることを実際に確認せよ．

第4章 多変数関数の微分

旧来，多変数関数の微分を扱うときは安直な「偏微分可能」，小難しい「全微分可能」をへて実用的な「C^1級」に達し，どれとどれがどう違うとか1変数のときの「微分」が多変数のときの何に該当するかとか思い悩みながら微分回数を重ねるのが常であった．本書の姿勢は明解である．ここでは「m 次連続」という自然で実用的な捉え方を導入し，これ一本ですすめる．ちなみに旧来想定されていたような定義域上での C^m 級というのは，局所的にこの性質をみたすことと同義である．それ以外のものは話題として参考のため紹介するにとどめる．この章では R^n の部分集合 S を定義域とする関数について考える．

4-1　多変数の高次連続関数と偏微分

S 上の0次連続関数 f が **m 次連続**である（f の連続度は m 以上である）という概念を次のように，m について帰納的に定義する．すなわち，$m'<m$ をみたす任意の m' に対して，$S\times S$ 上の m' 次連続関数 $f^1(\boldsymbol{x},\ \boldsymbol{y})$，$f^2(\boldsymbol{x},\ \boldsymbol{y})$，…，$f^n(\boldsymbol{x},\ \boldsymbol{y})$ で次の性質をみたすものが存在することをいう（このとき各 f^i を x_i に関する**偏平均変化率**と呼ぶ）：

$$f(\boldsymbol{x})-f(\boldsymbol{y})=\sum_{i=1}^{n} f^i(\boldsymbol{x},\ \boldsymbol{y})(x_i-y_i)\cdots\cdots(*)$$

この延長線として，いかなる自然数 m' に対しても上の関数が m' 次連続にとれるときは **ω 次連続**であるという．後に判るように直積集合上のときなど S の設定によっては，任意の ω 次連続関数 f に対し各 f^i が ω 次連続にとれることがある．このとき ω 次連続関数は **∞ 次連続**であるという．これらの定義は $n=1$ のときは 1 変数関数としてのものと同義であるが，このことは直積集合上の理論の適用例として後節で必然的に判明する．

旧来の実数論のもと特に S が有界閉集合のとき，m 次連続は C^m 級といわれるものと一致する．これは m が ∞ のときも含めて該当するが C^ω 級は少し毛色の変わったものに使われている用語である．

0 次同相写像 f は f およびその逆写像を形成する関数がどれも m 次連像であるとき m 次同相写像であるという．

問 $m=n=1$ のとき，上の定義が 1 変数の 1 次連続性と同義であることを確認せよ．

重複原理 関数 f の変数をいくつかにグループ分けし，ある番号 i に対して第 i グループの変数全部に同じ値 x_i を代入して得られる関数 g_i を考える．もし f が m 次連続であれば g_i は m 次連続であり，g_i の x_i に関する偏平均変化率は f の第 i グループの変数に関する偏平均変化率に同様の代入を行ったものいくつかの和である．

問 この命題を証明せよ．ヒント，1 変数の繰り返し微分の定理の証明をみよ．

多変数関数では偏平均変化率の値が 1 通りに表される訳ではない．例えば 2 変数のとき，f^1 に x_2-y_2 を加え f^2 から x_1-y_1 を減じておいてもよい．

(注意) $m=1$ のときは $f^1(x_2-y_2)$ に加え $f^2(x_1-y_1)$ から減じるべき関数は $(x_1-y_1)(x_2-y_2)$ で割った結果が有界であるわけではない．例えば, min $\{|x_1-y_1||x_2-y_2|^{\frac{1}{2}},\ |x_1-y_1|^{\frac{1}{2}}|x_2-y_2|\}$ でもよい．例がこのようにいささか異常になるのは末梢的な話題に固執しているからだと認識すべきであろう．

ところで $\boldsymbol{x}=\boldsymbol{y}$ をみたす点においては偏平均変化率の値も通常は一通

りに定まる．この一意性は f に無関係に，「$\boldsymbol{x}=\boldsymbol{y}$ のとき関数0の偏平均変化率の値が0に限るか」だけに依存する性質である．この性質をもつ点を非退化点という．非退化点集合の閉包に属する S の点は非退化点である．非退化点の集合をとる操作を m 回繰り返した結果得られる集合の点を m 次非退化点という．S の任意の点 $\boldsymbol{a}$ はそれを通る n 本の独立した方向の直線で $\boldsymbol{a}$ を孤立点としないものをもてば非退化である（例えば開集合の点）．そのときはこの値を点 $\boldsymbol{a}$ における $f(\boldsymbol{x})$ の x_i に関する**偏微分係数**という．また，非退化点に偏微分係数を対応させる関数を**偏導関数**といい，$\dfrac{\partial f(\boldsymbol{x})}{\partial x_i}$，$fx_i(\boldsymbol{x})$，$\dfrac{\partial f}{\partial x_i}$ などと表記する．偏導関数を求めることを，偏微分するという．

4-2　旧来の「偏微分」との比較

参考

旧来の微分積分学に出現する諸概念について解説しよう．旧来の実数論のもと S が有界閉集合であるとしよう．このとき「連続」は「0次連続」と同義になり，ⅰ）「全微分可能」，ⅱ）「変数 x_i に関して偏微分可能」という性質が次のように定義される（比較のため0）として「1次連続」も並べる）：

0）　$S\times S$ 上の0次連続関数 $f^1(\boldsymbol{x},\ \boldsymbol{y})$，$f^2(\boldsymbol{x},\ \boldsymbol{y})$，…，$f^n(x,\ y)$ で次の性質をみたすものが存在する：

$$f(\boldsymbol{x})-f(\boldsymbol{y})=\sum_{i=1}^{n} f^i(\boldsymbol{x},\ \boldsymbol{y})(x_i-y_i)$$

ⅰ）　次の性質をみたす $S\times S$ 上の関数 $f^1(\boldsymbol{x},\ \boldsymbol{y})$，$f^2(\boldsymbol{x},\ \boldsymbol{y})$，…，$f^n(\boldsymbol{x},\ \boldsymbol{y})$ で，$\boldsymbol{y}$ を決めるごとに $\boldsymbol{x}$ に関して連続なものが存在する：

$$f(\boldsymbol{x})-f(\boldsymbol{y})=\sum_{i=1}^{n} f^i(\boldsymbol{x},\ \boldsymbol{y})(x_i-y_i)$$

ii） 番号 i と点 $\boldsymbol{y}$ を決めるごとに，y_i の近傍で定義された 1 変数 x_i の連続関数 $f^i(x_i\,;\,\boldsymbol{y})$ のうち，「第 i 成分が x_i で，その他の第 j 成分が y_j」となる x に対して次の等式をみたすものが存在する：

$$f(\boldsymbol{x})-f(\boldsymbol{y})=f^i(x_i\,;\,\boldsymbol{y})(x_i-y_i)$$

明らかに分かることであるが 0）は i）を，i）は ii）を導く．ii）のときも $f^i(y_i,\ y)$ を x_i に関する偏導関数という．上の i），ii）における「連続」の前にそれぞれ「a において」，「$(a_i\,;\,\boldsymbol{a})$ において」を挿入したものをとれるとき，$\boldsymbol{a}$ において i）「全微分可能」，ii）「変数 x_i に関して偏微分可能」といい，そのときの f^i の値を $\boldsymbol{a}$ における偏微分係数という慣習がある．

全微分可能な関数は連続であるが，すべての変数に関して偏微分可能な関数は必ずしも連続ではない．ところで，本書の主旨は定理の条件が必然的に発想され，証明が自然になされるように捉えることであって，定理の条件をどこまで削れるかというのではない．ここでは，通常の書物によく書かれている概念を紹介し，注意を要する点を指摘するにとどめる．

4-3 高次連続関数の諸性質と繰り返し偏微分

低次連続性定理 m を自然数，m' を m より小さい非負整数とする．このとき有界集合上の m 次連続関数は m' 次連続である．

この定理により，m が自然数のときは，定義における m' として $m-1$ をとって調べれば十分であることがわかる．

線型性定理 $f,\ g$ を有界集合上の m 次連続関数，$a,\ b$ を実定数とする．このとき 1 次結合 $af+bg$ は m 次連続である．

問 この 2 つの定理を定義に従って証明せよ．

乗法定理 $f,\ g$ を有界集合上の m 次連続関数とする．このとき積 $f\cdot g$

は m 次連続である.

証明方針

m についての帰納法で示す. $m=0$ のときは 0 次連続関数の性質により正しい. m 未満では成立するとする. $h(\boldsymbol{x})=f(\boldsymbol{x})\cdot g(\boldsymbol{x})$ とおく. このとき, $h^i(\boldsymbol{x},\ \boldsymbol{y})=f^i(\boldsymbol{x},\ \boldsymbol{y})\cdot g(\boldsymbol{x})+f(\boldsymbol{y})\cdot g^i(\boldsymbol{x},\ \boldsymbol{y})$ と定めれば, 低次連続性定理, 帰納法の仮定および線型性定理により所期の結論が得られる. ■

問　上の h^i により h が m 次連続であることを実際に確かめよ.

問　正数 ε および m 次連続関数 f が与えられたとき, $h(\boldsymbol{x})=\dfrac{1}{f(\boldsymbol{x})}$ に対して h^i をうまく定めることによって, h が $f(\boldsymbol{x})>\varepsilon$ をみたす範囲において m 次連続であることを示せ.

連鎖定理　f を R^p の有界部分集合 S 上の, $g_1,\ g_2,\ \cdots,\ g_p$ を R^q の有界部分集合 T 上の m 次連続関数とし, $g(\boldsymbol{u})=(g_1(\boldsymbol{u}),\ g_2(\boldsymbol{u}),\ \cdots,\ g_p(\boldsymbol{u}))$ はつねに S の点になっているものとする. このとき $h(\boldsymbol{u})=f(g(\boldsymbol{u}))$ で与えられる関数 $h=f\circ g$ は T 上の m 次連続関数である. また m 未満の m' に対する h^i は次の式で与えられる：

$$h^i(\boldsymbol{u},\ \boldsymbol{v})=\sum_j f^j(g(\boldsymbol{u}),\ g(\boldsymbol{v}))\cdot g_j{}^i(\boldsymbol{u},\ \boldsymbol{v}).$$

証明

低次連続性定理, 線型性定理および乗法定理により h^i は m' 次連続になる. また, 次の等式が成立するので所期の結論を得る：

$$\begin{aligned}&h(\boldsymbol{u})-h(\boldsymbol{v})=f(g(\boldsymbol{u}))-f(g(\boldsymbol{v}))\\&=\sum_j f^j(g(\boldsymbol{u}),\ g(\boldsymbol{v}))\cdot(g_j(\boldsymbol{u})-g_j(\boldsymbol{v}))\\&=\sum_j\sum_i f^j(g(\boldsymbol{u}),\ g(\boldsymbol{v}))\cdot g_j{}^i(\boldsymbol{u},\ \boldsymbol{v})\cdot(u_i-v_i)\end{aligned}$$

$$=\sum_i\left(\sum_j f^j(g(\boldsymbol{u}),\ g(\boldsymbol{v}))\cdot g_j{}^i(\boldsymbol{u},\ \boldsymbol{v})\right)\cdot(u_i-v_i). \qquad \blacksquare$$

〔註〕

この定理は $\sum$ の代わりに行列で表すことでその全貌を見渡すことができる．実際，逆関数の微分を表すに当たっては逆行列で表記するのが一番見通しがよいであろう．

例

1次同相関数 f が与えられたとき，$(x,\ z)=(x,\ f(x,\ y))$ で与えられる写像の逆写像 g に上の定理を適用すると，$f\circ g$ が恒等写像であることより $g(x,\ z)$ の x に関する偏微分は $h=-\dfrac{\left(\dfrac{\partial g}{\partial x}\right)}{\left(\dfrac{\partial g}{\partial y}\right)}$ になる．z を z_0 に固定すると $h(x,\ z_0)$ は陰関数 $g(x,\ z_0)$ の導関数である．それが常識的な意味でのものであるためには g の定義域が f におけるのと同様のものであることが望まれる．

1次同相定理　f を R^p の有界部分集合 S から $\boldsymbol{R}^n$ への1次連続写像，f の偏平均変化率のなす行列を J とおく．また1より小さいある正数 d に対して $J-E$ の成分の平方の総和が d^2 以下であるとする（E は単位行列）．このとき f は1次同相写像である．

証明

まず $G=J-E$ と定める．n 項列ベクトル $\boldsymbol{u}$ に対して $G\boldsymbol{u}$ の各成分の絶対値は G における対応する行の長さに $\boldsymbol{u}$ の長さをかけたもの以下であるから $G\boldsymbol{u}$ の長さは $\boldsymbol{u}$ の長さの d 倍以下である．よって，$J\boldsymbol{u}$ の長さは $\boldsymbol{u}$ の長さの $1-d$ 倍以上である．このことから $\pi_a\circ\phi$ が像への0次同相であることが分る．ところで J^{-1} の各成分は f の像から S への f^{-1} の逆写像の偏平均変化率をなし，J の行列式は $(1-d)^n$ 以上である．したがって J^{-1} は0

次連続である．すなわち f は1次連続である．■

(注意)　偏平均変化率は一意的に定まらないが，後に分るようにその対角部は通常の設定では一意的に定まる．例えば S が凸集合のとき $J-E$ の成分の平方の和が対角部において d^2 以下であれば f の偏平均変化率のなす行列として $J((1-t)\boldsymbol{x}+t\boldsymbol{y},\ (1-t)\boldsymbol{x}+t\boldsymbol{y})$ の $0\leqq t\leqq 1$ における定積分に取り直すとよいことが分かる．

m を2以上の自然数とし，f を m 次連続関数とする．f に対し「何らかの変数に関する偏平均変化率を連続度が1以下しか減らないようにとる」という操作はどの変数列に沿っても m 回繰り返すことができる．このようにとったものを **m 回順次偏平均変化率**という（次節で出現する「m 次標準偏平均変化率」とは区別が必要）．$m-1$ 次連続にとった偏平均変化率に $\boldsymbol{x}=\boldsymbol{y}$ を代入して得られたものである偏導関数は再び偏微分の対象となる．このように偏微分を繰り返して得られる関数を $\dfrac{\partial\left(\dfrac{\partial f}{\partial x_i}\right)}{\partial x_j}=\dfrac{\partial^2 f}{\partial x_i\partial x_j}$，$\dfrac{\partial\left(\dfrac{\partial f}{\partial x_i}\right)}{\partial x_i}=\dfrac{\partial^2 f}{\partial {x_i}^2}$……などと表し，偏微分の回数 m にしたがって m 次偏導関数（この2つの例では2次偏導関数）という．

繰り返し偏微分の存在定理　m 次連続関数は m 次非退化点 a において合計 m 回どのような順でも偏微分できる．

証明

$m-1$ 次連続にとった f^i に対し，それと $2n$ 個の $m-1$ 次連続関数 $\boldsymbol{x}\to x_i$，$\boldsymbol{x}\to x_i$ との合成である $f^i(\boldsymbol{x},\ \boldsymbol{x})$ が $m-1$ 次連続であることから m に関する帰納法で分かる．■

4-4 直積集合上の m 次連続関数

この節では関数 f の定義域 S は有界集合の直積集合 $S_1\times S_2\times\cdots\times S_n$ であるとする．$n=1$ のときは必然的にこの条件をみたす．

非負の整数 m に対し $\{1,\ 2,\ \cdots,\ m+n\}$ から $\{1,\ 2,\ \cdots,\ n\}$ の上への写像 $\boldsymbol{m}$ を長さ m の n-番号関数という．このとき i の $\boldsymbol{m}$ による逆像のサイズを i の頻度といい，m_i と表す．n-番号関数 $\boldsymbol{m}$ が与えられたとき，$\boldsymbol{m}$-偏平均変化率 $f^{[\boldsymbol{m}]}$ なる関数を次のように定める（以下，**$\boldsymbol{m}$ 次標準偏平均変化率**とも総称する）．ただし，定義域は $S_{\boldsymbol{m}}=\prod S_{\boldsymbol{m}(i)}$ の点のうち $\boldsymbol{m}$ 値の等しい番号の対に対しては座標値が異なるものからなる集合とする：

$$f^{[\boldsymbol{m}]}(X)=\sum_{j_1}\cdot\ \cdot\sum_{j_n}\frac{f(x_{j_1},\ \cdots,\ x_{j_n})}{\displaystyle\prod_{i=1}^{n}\prod_{k_i(\neq j_i)}(x_{j_i}-x_{k_i})}$$

ここに $X=(x_1,\ \cdots,\ x_{m+n})$ とし，$\sum$ は $\boldsymbol{m}$ の値が i となる番号 j_i についての m_i 個の和を表す．また，$\prod\prod$ は j_i 以外でこれと同じ $\boldsymbol{m}$ 値をもつ k_i についての積の i についての積を表す．また $S_{\boldsymbol{m}}$ を $f^{[\boldsymbol{m}]}$ の拡張定義域といい，$f^{[\boldsymbol{m}]}$ がここでの 0 次連続関数に拡張できるとき単に拡張可能であるという．

整合性定理　指定された m に対する f の m 次標準偏平均変化率がどれも拡張可能であることは f が m 次連続であるための必要十分条件である．特に $n=1$ のときは 1 変数関数としての m 次連続性と多変数関数としての m 次連続性は一致する．

証明

まず必要性を調べるため，f が m 次連続であるとする．このとき任意の m 次標準偏平均変化率は，代入の補題を繰り返し適用することにより，適切な m 回順次偏平均変化率に「ある $m+n$ 個の変数を除いて残りはこれらのどれかに等しい」という関係式を代入したもののいくつかの和で表され拡張定義域上 0 次連続である.

次に指定された m に対し m 次標準偏平均変化率がどれも拡張可能であるとする. このとき, m 回順次偏平均変化率 g を, g の変数のうち適切なものを選んで m 次標準偏平均変化率に代入したものまたは 0 になるようにとれることを帰納法で示すという方針で f の m 次連続性を示そう. まず $m=0$ のときは明白である. そこで, $m-1$ 回順次偏平均変化率 h がそのようにとってあるとする. 簡単のため $h\neq0$ とし, $M2^{m-1}$ 個の変数を一行にならべておくと

$$
\begin{aligned}
&h(x_1,\ x_2,\ \cdots,\ x_M)-h(y_1,\ y_2,\ \cdots,\ y_M)\\
&=\sum_i(h(x_1,\ \cdots,\ x_i,\ y_{i+1},\ \cdots,\ y_M)-h(x_1,\ \cdots,\ x_{i-1},\ y_i,\ \cdots,\ y_M))
\end{aligned}
$$

となり, $h(\cdots)$ が $m-1$ 次偏平均変化率に第 i 変数を代入して得られている項は m 次標準偏平均変化率への代入の (x_i-y_i) 倍と表され, そうでない項は 0 となる. よってこの定理は証明された. ■

1 変数の初等関数は有界集合上で多変数関数として ω 次連続であり, その結果基本的な初等関数をいくつか組合わせせでできた関数も ω 次連続である. 詳しくは構成要素となる関数の定義域を, 逆数関数および log に関しては $x=0$ の近傍, tan に関しては $\dfrac{(2n+1)\pi}{2}$ の近傍を除外した有界集合にとっておいたときは ω 次連続関数である.

繰り返し偏微分値の定理　$\boldsymbol{m}$ を長さ m の n-番号関数とする. このとき m 次連続関数 f を各 a_i が m_i 次非孤立点である $\boldsymbol{a}$ において各 x_i について m_i 回偏微分した値は偏微分の順序によらず次の式で与えられる:

$$
\begin{aligned}
&f^{(\boldsymbol{m})}(\boldsymbol{a})\\
&=\prod_i m_i!\,f^{[\boldsymbol{m}]}(A).
\end{aligned}
$$

ここに A は各 a_i が m_i+1 個並んだベクトルとする.

証明

m に関する帰納法による（1 変数のときの繰り返し微分の定理の証明を参考にせよ）. ■

多変数の近似定理　f を m 次連続関数とする．このとき次の近似が成立する：

$$f(\boldsymbol{x})=\sum_{\boldsymbol{k}(|\boldsymbol{k}|<m)} f^{[\boldsymbol{k}]}(\boldsymbol{a}_k)(\boldsymbol{x}-\boldsymbol{a})^{\boldsymbol{k}}+\sum_{\boldsymbol{k}(|\boldsymbol{k}|=m)} f^{[\boldsymbol{k}]}(\boldsymbol{x}_k)(\boldsymbol{x}-\boldsymbol{a})^{\boldsymbol{k}}$$

ここに $(\boldsymbol{x}-\boldsymbol{a})^{\boldsymbol{k}}$ は $(x_i-a_i)^{k_i}$ の積とする．また $\boldsymbol{a}_k$，$\boldsymbol{x}_k$ は次のように定められる拡張定義域の点である．すなわち，これらの $S_i^{m_i+1}$ 部の座標のうち「$k_j\neq 0$ となる j は $j\leqq i$」をみたす i における $\boldsymbol{x}_k$ に対するものは一つが x_i で残りは a_i，それ以外のものはすべて a_i と定める．

証明は m に関する帰納法による．

（注意）　さらに定義域が擬区間の積であるとき，1 変数のテイラーの定理を繰り返し適用することにより，各 $f^{[k]}(\boldsymbol{x}_k)$ は a_i と x_i を端とする擬区間の積の点における $f^{(k)}$ の値 $\times\prod k_i!$ 倍と表すことができる．

4-5　直方体上の関数の *m* 次連続性

この節では S を n 個の有界擬区間 S_i の積とする．

参考

1 変数のときと同様，この節でいう繰り返し偏微分とは各ステップごとに 1 次連続であることを確認しながら偏微分を行うものである．

高次偏微分誤差の基本定理　f を S 上の関数，$\boldsymbol{m}$ を n-番号関数とする．また，f は 0 次連続関数の範囲で $\boldsymbol{m}$ に沿って偏微分でき，その結果を $f^{(\boldsymbol{m})}$ とする．このとき $f^{(\boldsymbol{m})}$ の誤差関数は f の $\boldsymbol{m}$-偏平均変化率 $f^{[\boldsymbol{m}]}$ の $\prod m_i!$ 倍の誤差関数である．

この定理の基本になっているのが次の定理である．残念ながら一変数のときと同様にこの命題の証明はこの段階では未定義である「積分」を使って記述されているので，この段階では完結しない．そこで，これまでに何とはなく聞きかじったことのある読者が漠然と把握できるように紹介するにとどめる．

高次偏平均変化率の積分表示定理　設定を上の定理と同じにとる．このとき，f の $\boldsymbol{m}$-偏平均変化率は次の式の $0 \leqq s_{i,k}$, $\sum s_{i,k} \leqq 1$($i=1, 2, \cdots, n$; $k=1, 2, \cdots, m_i$) における積分である：

$$f^{(m)}(\cdots,\ x_{i,0}+\sum(x_{i,k}-x_{i,0})s_{i,k},\ \cdots).$$

多変数 $\boldsymbol{m}$ 次連続関数の判定定理　$m>0$ とする．S 上の関数 f が m 次連続であるには，f の変数を並べた長さ m の任意の列に対しても，これと同じ重複度の n-番号関数の一つ $\boldsymbol{m}$ に沿った順に繰り返し偏微分した結果，0次連続関数を得ることが必要十分である．

証明は上記の高次偏微分誤差の基本定理による．

4-6　極値問題

f を $\boldsymbol{R}^n$ 上の2次連続写像とする．このとき f が $\boldsymbol{R}^n$ の点 $\boldsymbol{a}$ において広義の極値を取るなら f の1次偏導関数の値は $\boldsymbol{a}$ において0である．ここで f の2次偏導関数 $\dfrac{\partial^2 f}{\partial x_i \partial x_j}$ の値を並べた行列を H とする．H は実対称行列であるから，その固有値はすべて実数である．

【定理】

$\boldsymbol{R}^n$ 上の2次連続写像 f は点 $\boldsymbol{a}$ において1次偏導関数の値がどれも0であるとする．もし $H(\boldsymbol{a})$ の固有値の1つが負値であれば f は $\boldsymbol{a}$ において広義極小ではない．もし $H(\boldsymbol{a})$ の固有値がすべて正値であれば f は $\boldsymbol{a}$ において狭義極小である．

証明

まず，ある固有値が負値であるとしよう．このとき固有ベクトルの方向において極値問題を解くと f が広義極小ではあり得ないことが分る．

次に固有値がすべて正値であるとしよう．このときは多変数の近似定理により次の近似が成立する：

$$f(\boldsymbol{x})=f(\boldsymbol{a})+\sum_{\boldsymbol{k}(|\boldsymbol{k}|=2)} f^{[k]}(\boldsymbol{x}_k)(x-\boldsymbol{a})^k$$

ここで一般 $(i,\ j)$ 成分をとして $f^{[k]}(\boldsymbol{x}_k)$ と定めた実対称行列 H を考える．ただし k はその像が重複を込めて $\{1,\ 2,\ \cdots,\ n\,;\, i,\ j\}$ となる長さ 2 の n-番号関数とする．その結果 $\boldsymbol{x}$ が $\boldsymbol{a}$ に十分近ければ H は固有値がすべて正であり，その範囲で $\boldsymbol{x}$ が $\boldsymbol{a}$ に等しくなければ $f(\boldsymbol{x})$ の値は $f(\boldsymbol{a})$ より大きい．

■

〔註〕

H の固有多項式の係数がすべて正値（非負値）であることは固有値がすべて負値（非正値）であるための必要十分条件である．

これらのことを組み合わせ，H の固有方程式の係数で述べると以下のように整理される．すなわち f の偏導関数の値がすべて 0 になる点においては

係数が 一定符号		極大		極小		係数が 交代的
	→		狭義		←	
⬇		↓		↓		⬇
	←		広義		→	

第5章 広さと積分

この章では$\boldsymbol{R}^n$の有界部分集合のn次元の広さやその上の関数の積分について考察する.

5-1 広さ

以下この章では一つの実数体系$\boldsymbol{R}$を固定して考える.またこの節では$\boldsymbol{R}^n$の有界部分集合のn次元の「広さ」について考察する.集合の広さを測るにあたり,たまたま埋め込んだ$\boldsymbol{R}^n$のnが関与する必然性への疑いや,また空間内の面の広さなどを扱う需要に対しては後の節で応えることにする.集合の広さや関数の積分値を考えるには代表的な方法が二通りある.一つは「リーマン積分」というかなり手軽なものであるが,極限についての扱いは次に述べるものよりも制約を受ける.もう一つの「ルベーグ積分」は修得すればある程度の束縛のもとで極限操作が可能であるが,その条件には必然性が見出せない.おまけに修得するまではかなりの精進潔斎が必要であり,加えて実数論や集合論についてのかなりきわどい議論をくぐらなければならない.本書ではむやみに「無限」に立ち入らない,したがってここで扱うものは基本的には「リーマン積分」の類似といってよいであろう.

ここで旧来の微積分学に多少なりとも付き合ったことのある読者のために,発想の転換が必要な点を指摘しておこう.旧来の意味では「広さ」が定められない有界集合が存在する.これは「全空間」への埋め込み方の問題であって集合自体の性質ではない.本書の立場では集合を埋め込むべき$\boldsymbol{R}^n$の$\boldsymbol{R}$自体が相対的な存在であり,この意味で絶対的な「全空間」を考える意味を持たないのである．

$\boldsymbol{R}^n$において各方向に関して平行な 2 つの座標超平面で挟まれる部分を**矩体**といい境界以外では交わらない（まちまちなサイズの）矩体の有限個の和を**集矩体**といい，それぞれの矩体の各方向の長さの積を総和したものをその集矩体の「広さ」という．集矩体を有限個の閉矩体の和で表す方法は必ずしも一通りではないが，その広さは表し方に依存しない（細分によって変化しないことに注意）．

ここでいくつかの実数 s と a_i および $\boldsymbol{R}^n$ の有界部分集合 S_i が与えられたとしよう．今，次の条件をみたすことを $\sum_i a_i v^n(S_i) \leqq s$ と表記する：

$$\forall s' > s \quad \exists P_j \supset S_j：\text{集矩体} \quad \forall Q_j \supset S_j：\text{集矩体}$$
$$[\forall i \quad Q_j \subset P_j] \quad \Rightarrow \quad \sum_i a_i v^n(Q_i) \leqq s'.$$

この表記ではさらにいくつかの項を移項したり，左辺・右辺を倒置して $\geqq$ で表記することも許容する．さて

$$\sum_i a_i v^n(S_i) \leqq s \quad \text{かつ} \quad \sum_i a_i v^n(S_i) \geqq s$$

であるときは$\sum_i a_i v^n(S_i) = s$ と表す．特に $v^n(S) \leqq s$ のとき s を S の**外測値**といい，$v^n(S) = s$ のときこの値を S の**広さ**という．

問　$\sum_i a_i v^n(S_i) \leqq s'$ が s より大きい任意の実数 s' に対して成立することは $\sum_i a_i v^n(S_i) \leqq s$ と同値であることを示せ．

問　$\boldsymbol{R}^n$ の有限個の有界部分集合 S_i とその合併 S に対して次を示せ：

i）　$v^m(S) \leqq \sum_i v^m(S_i)$,

ii）　異なる S_i と S_j の点どうしの距離が正の定数 r 以上であれば
$v^m(S) \geqq \sum_i v^m(S_i)$.

〔註〕

$n=1, 2, 3$のそれぞれのとき「広さ」は日常的には「長さ」,「面積」,「体積」と呼ばれているものを表す.

広さに関する稠密性の原理　$\boldsymbol{R}$の（稠密な）部分実数体系$\boldsymbol{R}'$が与えられているとする．また，$\boldsymbol{R}^n$の有界部分集合Sの$\boldsymbol{R}'^n$との共通部分S'がSにおいて稠密であるとする．このときS'の実数体系$\boldsymbol{R}'$に関する広さはSの実数体系$\boldsymbol{R}$に関するものでもある.

証明

$\boldsymbol{R}$の意味でSを覆う集矩体は$\boldsymbol{R}'$の意味でS'を覆う．また$\boldsymbol{R}'$の意味でS'を覆う矩体の集まりを，その内部にあるS'の点を中心にしてわずかに相似拡大した$\boldsymbol{R}$の意味の矩体の集まりはSを覆うのでこの結論を得る.

■

〔註〕

稠密部分集合は「全体」の中で相対的に広さをもつわけではないので，この定理を旧来の体系の中に組み込むことはできない.

擬区間の広さの定理　擬区間$I=[a, b]$の広さ（長さ）は$b-a$である.

証明

まず$b-a$自体は外測値を与える．次にIをいくつかの擬区間$I_i=[a_i, b_i]$で覆ってあるとしよう．これらのうち共通部分をもつものがあれば端の点どうしであるように小さい擬区間にとり直すことができる．その結果，番号も付け替えると$b_{i-1} \leqq a_i$であるようにできる．$\{I_i\}$がaおよびbを覆うことから，もし$\sum(b_i-a_i)<b-a$であればある番号iに対しては$b_{i-1}<a_i$となり，$\boldsymbol{R}$の稠密性より，Iの点のうちどのI_iでも覆われないものが存在することになり仮定に反する．よってこのような被覆は存在せず，Aの外測値は$b-a$以上である.　■

積の広さの定理　$\boldsymbol{R}^m$ の部分集合 A と $\boldsymbol{R}^n$ の部分集合 B に対して次の等式が成立する：

$$v^{m+n}(A\times B)=v^m(A)v^n(B).$$

証明

広さの積自体が外測値を与えるので，これより小さい値が外測値にはならないことをいいたい．

いくつかの矩体 S_i で $A\times B$ を覆ってあるとする．まず A 方向の点 $\boldsymbol{x}$ を指定するごとにこれをみたす点をもつ S_i の全体を考える．これらの B 方向の広さの和が b 未満になる $\boldsymbol{x}$ がなければすべての矩体の n 個の長さの積の総和 $\sum$ は $a\times b$ 以上になるので，広さの和が b 未満である $\boldsymbol{x}$ が存在するとしてよい．これは $\{\boldsymbol{x}\}\times B$ が S_i で覆われていることに矛盾する．したがって $\sum$ は $a\times b$ 以上である．■

問　A_i を広さをもつ $\boldsymbol{R}^n$ の有限個の有界部分集合とし，$A=\bigcup_i A_i$ とする．このとき A_i の広さの和は A の外測値（の一つ）であることを示せ．

問　A，B を R^n の有界部分集合とし，$A\supset B$ とする．このとき次の事柄を示せ：

ｉ）A の外測値は B の外測値である．

ⅱ）A が広さをもつとき，その広さは後者のもの以上である

A を $\boldsymbol{R}^n$ の広さをもつ有界部分集合，B をその部分集合とし，A の広さから B の広さを引いた値が $A-B$ の広さであるとする．このとき B は A において**相対的に広さをもつ**という．旧来の意味で「広さをもつ」とは，実数体系 $\boldsymbol{R}$ が暗黙のうちに認識されているという前提のもと，A を含む矩体 $[-r,\ r]^n$ において相対的に広さをもつことを意味している．

問　有界集合 A において相対的に広さをもつ部分集合 S の A における境界集合 ∂S は広さ0をもつことを示せ.

〔註〕

我々が日常的に扱っているたいていの有界集合はどのような意味でも広さをもっているが,「0と1の間にある有理数の全体」というような集合はわれわれがもっと広い「実数」のような体系を固定してその中で考えるときには相対的に広さをもたない.

参考

ちなみに旧来の微分積分学では,「完備な」実数論のもともっぱらこの意味での相対的な広さを論じる. しかし「ルベーグ積分」での可測性に関してはこの判定法は通用しない. また, この世界では「0と1の間にある有理数の全体」は広さ0をもつが, それでも「すべての集合が広さをもつ」というわけにはいかない.

糊代定理　有限個の番号 i ごとに A_i を $\boldsymbol{R}^n$ の, A'_i を A_i の有界部分集合とし, $A=\bigcup A_i$, $A'=\bigcup A'_i$ とする. このとき次の不等式が成り立つ：

$$\sum v^n(A'_i)-v^n(A')\leqq\sum v^n(A_i)-v^n(A).$$

証明

A_i および A' の集矩体被覆 P_i, P' が与えられたとしよう. このとき A は P_i の総和 P で覆い, A'_i は P_i と P' の共通部分 P'_i で覆う. ここで P のうち P' の外側にある部分を P'' とすると, 次の関係により所期の結論を得る：

$$\sum v^n(P_i)-\sum v^n(P'_i)=\sum v^n(P_i\cap P'')$$
$$\geqq v^n(P'')=v^n(P)-v^n(P').$$

■

5-2 近傍とその広さ

本書では $\boldsymbol{R}^n$ における n より低い次元の広さを論じるにあたり，集合の近傍の広さを援用する．以下の 2 節では $\boldsymbol{R}^n$ の有界部分集合 S の r 近傍 $U(r,\ S)$ の広さ $v(r,\ S)$ について論じる．ただし距離は次章冒頭の「日常距離」に依拠する．

近傍の広さの同次元凸性と 0 次連続性の定理　r_0 を正数とするとき $v(r,\ S)$ は $[0,\ r_0]$ の範囲で r^n に関して上に凸であり，したがって r に関して 0 次連続関数である．

証明

第 1 段階として S が（空でない）有限集合のときに，この関数の r^n に関する導関数すなわち $U(r,\ S)$ の境界の $n-1$ 次元の広さを $\dfrac{r^{1-n}}{n}$ 倍したものが単調に減少することを示したい．空間より低い次元の広さの一般論については次章で述べることにし，ここではこの特殊な状況についてのみ断りなしに扱う．さて件の境界の広さは S の点 s ごとに境界のうち他の点の近傍をすべて除いた部分の広さを s に関して総和して得られる．そこで S の点 s を固定した上で S から s を取り除いた集合を S' とする．このとき次の関数の $r>0$ における単調減少性が問題となる．簡単のため $s=0$ とする．

$$\frac{v^{n-1}(\partial U(r,\ \{0\})-U(r,\ S'))}{r^{n-1}}$$
$$=v^{n-1}\left(\partial U\left(1,\ \frac{\{0\}}{r}\right)-U\left(1,\ \frac{S'}{r}\right)\right)$$

さて S' の点 s' ごとに $\partial U(1,\ \{0\})-U\left(1,\ \left\{\dfrac{s'}{r}\right\}\right)$ は集合の包含関係に関して単調減少なので，$\partial U\left(1,\ \dfrac{\{0\}}{r}\right)-U\left(1,\ \dfrac{S'}{r}\right)$ も単調減少である．したがって

その広さも単調減少であることが分る．

第2段階としてSが無限集合のとき，$r_1 \leqq r_2 \leqq r_3$に対して次のことを示したい．

$$
\begin{aligned}
&(r_3{}^n - r_1{}^n)v(U(r_2,\ S)) \\
\geqq &(r_3{}^n - r_2{}^n)v(U(r_1,\ S)) + (r_2{}^n - r_1{}^n)v(U(r_3,\ S)) \quad \cdots\cdots (*)
\end{aligned}
$$

そこで$\varepsilon>0$に対して$U(r_2,\ S)$を誤差$\dfrac{\varepsilon}{2}$以下で立方体被覆したものをCとし，さらに$U(\delta,\ C)$の広さの誤差が$\dfrac{\varepsilon}{2}$以下になるようにδをとる．そこでSを幅$\delta n^{-\frac{1}{2}}$で網目切りし，Sの点をもつ区画の中心の点すべてを集めた有限集合をTとすると次式を得る：

$$
\begin{aligned}
&U(\delta,\ C) \supset U(\delta,\ U(r_2,\ S)) = U(\delta + r_2,\ S) \\
= &U(r_2,\ U(\delta,\ S)) \supset U\left(r_2,\ U\left(\frac{\delta}{2},\ T\right)\right) \\
= &U\left(r_2 + \frac{\delta}{2},\ T\right).
\end{aligned}
$$

また一般的に$U(r,\ S)$および$U(r,\ T)$は互いの$\dfrac{\delta}{2}$近傍の部分集合である．その結果

$$
\begin{aligned}
&\left(\left(r_3 + \frac{\delta}{2}\right)^n - \left(r_1 + \frac{\delta}{2}\right)^n\right)(v(U(r_2,\ S)) + \varepsilon) \\
\geqq &\left(\left(r_3 + \frac{\delta}{2}\right)^n - \left(r_1 + \frac{\delta}{2}\right)^n\right)v(U(\delta,\ C)) \\
\geqq &\left(\left(r_3 + \frac{\delta}{2}\right)^n - \left(r_1 + \frac{\delta}{2}\right)^n\right)v(U(r_2 + \delta,\ S)) \\
\geqq &\left(\left(r_3 + \frac{\delta}{2}\right)^n - \left(r_1 + \frac{\delta}{2}\right)^n\right)v\left(U\left(r_2 + \frac{\delta}{2},\ T\right)\right) \\
\geqq &\left(\left(r_3 + \frac{\delta}{2}\right)^n - \left(r_2 + \frac{\delta}{2}\right)^n\right)v\left(U\left(r_1 + \frac{\delta}{2},\ T\right)\right) \\
&+ \left(\left(r_2 + \frac{\delta}{2}\right)^n - \left(r_1 + \frac{\delta}{2}\right)^n\right)v\left(U\left(r_3 + \frac{\delta}{2},\ T\right)\right)
\end{aligned}
$$

$$\geqq (r_3{}^n - r_2{}^n) v(U(r_1,\ S)) + (r_2{}^n - r_1{}^n) v(U(r_3,\ S))$$

を得る．この不等式は正数δ, εをいくら小さくとっても成立するので（＊）を得る．

ここで正数εごとに，$v^n(\theta,\ S) - v^n(0,\ S)$が$\varepsilon$以下になる$\theta$を対応させる．その結果$v^n(r,\ S)$を$r^n$の関数と見ると，この対応を誤差関数とする0次連続関数であることがr^nに関する凸性により保証される．これに関数$r \to r^n$を合成することにより，$v^n(r,\ S)$はrに関して0次連続であることが分かる． ■

参考

広さの概念に可算無限加法を組み込んだ定義では$v^n(r,\ S)$のr^nに関する凸性は保つが，$r=0$をこめた（0次）連続性を保証することはできない．

5-3 近傍の広さの定理

後に述べるように本書では$\boldsymbol{R}^n$の有界部分集合のn次元の広さの認知は微妙な案件と位置づけている．そこで本節では集合の広さが認知されたときに近傍の広さを認知する方法を論じる．これは旧来的にいっても近傍の広さを実効的に確定する方策を与えているということができる．

近傍の広さの定理　rを正数，Sを$\boldsymbol{R}^n$の有界部分集合とする．今，Sの広さが確定していればSのr近傍$U(r,\ S)$の広さは実効的に確定する．

証明

広さの許容誤差εが与えられたとする．このときSを矩体で広さの誤差が$\dfrac{\varepsilon}{2}$以下になるように覆い，そのρ近傍をとってSからの広さの誤差がε以下になるようにする．このときρはr以下にとることにする．また正数σ, τを（後に指定するように）適切にとり，集矩体Pを

$$S \subset P \subset U(\tau,\ S)$$

$$U(\tau,\ P)\subset U(\sigma,\ P)\subset U(\rho,\ S)$$

が成立するように設定しよう．その結果 $U(\sigma,\ P)$ と P の広さの差は ε 以下になる．

さて τ が r 以下であれば

$$U(r-\tau,\ P)\subset U(r,\ S)\subset U(r,\ P) \quad \cdots\cdots (*)$$

である．ところで矩体の r 近傍は広さが確定し r^n に関して上に凸であることから，次の条件下では（＊）の両端辺の集合の広さの差は $U(\sigma,\ P)$ と P の広さの差ひいては ε 以下となることが分かる：

$$r^n-(r-\tau)^n\leqq\sigma^n.$$

これに上記の要請を担保する条件

$$0<\tau\leqq\sigma,\ \ \sigma+\tau\leqq\rho$$

を加味して次のように設定することができる：

$$\sigma=\frac{\rho}{2},\ \ \tau=\min\{\sigma,\ \ r-(r^n-\sigma^n)^{\frac{1}{n}}\}. \qquad ■$$

5-4　積分とその基本定理

f, g を $\boldsymbol{R}^n$ の有界部分集合 S 上の関数とし，$f(\boldsymbol{x})\geqq g(\boldsymbol{x})$ と仮定する．このとき，次に述べる集合［g, f］を（g, f）の**グラフ**という：

$$[g,\ f]=\{(\boldsymbol{x},\ \boldsymbol{y})\in R^{n+1}\,|\,\boldsymbol{x}\in S,\ g(\boldsymbol{x})\leqq y\leqq f(\boldsymbol{x})\}.$$

$g=0$ のときは単純に f のグラフといい［f］と表す．また，さらに f が有界であるとき［f］の広さを f の**積分**といい $\int_S f(\boldsymbol{x})d\boldsymbol{x}$ と表す．$d\boldsymbol{x}$ の部分は旧来 $dx_1\,dx_2\cdots dx_n$ と表記されている．

非負値有界関数 f の積分［f］の外測値を求める際の集矩体としては，$\boldsymbol{x}$ を一つ定めるごとに0を下端とする区間であるものをとれば十分である．

以下特に断らない限りこの章では$\boldsymbol{R}^n$の有界部分集合Sを固定し，その上で非負値をとる0次連続関数を扱うものとする．

$\boldsymbol{R}^n$の有界部分集合S上の任意の非負値0次連続関数に対しては積分が「実効切断」として一般的に正当化できるのであるが，これについては第∞章において述べる．ここで述べるのは認知されている積分値から新たな積分値を認知する方法である．例えば［0, 1］区間におけるx^2，x^5の積分値がそれぞれ$\frac{1}{3}$，$\frac{1}{6}$であることは旧知の方法で容易に確かめられるので，そのことからx^2+x^5の積分値が$\frac{1}{2}$であることが演繹できる．このような単純なことのために一般的な積分に関する高邁な存在論を前提にする必要はないのである．

制限積分定理　Sを$\boldsymbol{R}^n$の有界部分集合，TをSの稠密な部分集合とし，fをSで定義された0次連続関数とする．このときfのS上の積分はT上の積分である．

問　aを非負定数，Sを$\boldsymbol{R}^n$の部分集合とする．このとき$\int_S ad\boldsymbol{x}=av^n(S)$であることを示せ．

積分の加法定理　Sを$\boldsymbol{R}^n$の部分集合，f，gをS上の非負値0次連続関数とする．このとき次の式が成立する：

$$\int_S (f+g)d\boldsymbol{x}=\int_S fd\boldsymbol{x}+\int_S gd\boldsymbol{x}.$$

証明

簡単のためそれぞれのグラフ［f］，［g］は$[-r, r]^{n+1}$の部分集合であるものとする．ここで，これを覆う集矩体を上問のようにとり，さらに$\boldsymbol{R}^n$断面に関して共通細分しておく．さらにこの断面において［f］に対する矩体の上に［g］に対するものを積み重ねた矩体をとって集計すると，

その広さは $f+g$ のグラフの外測値を与える．この値は $[f]$，$[g]$ に対するものをうまくとっておくことにより所定の範囲にとることができる．

同様にして $r-f$，$r-g$ のグラフの外測値の和が $2r-(f+g)$ に対するものになるので初期の結論を得る．■

$\boldsymbol{R}^n$ の部分集合 S で定義された関数 f が 0 次連続関数 g，h の差で表されるとき g の積分値から h のを引いた値を f の積分といい $\int_S f d\boldsymbol{x}$ と表す．通常，$n>1$ のとき積分は重積分と呼ばれている．

問　積分値は関数 g，h の選び方に依存しないことを示せ（ヒント，f が g_1-h_1，g_2-h_2 と表されているとき，$f+h_1+h_2$ を非負値関数の和として2通りに表し積分値を上の定理にしたがって二通りに求めてみる）．

問　S を $\boldsymbol{R}^n$ の部分集合，f を S 上の 0 次連続関数とし，c を実定数とする．このとき，$c\int_S f d\boldsymbol{x}$ は cf の S 上の積分値であることを示せ．

問　S を $\boldsymbol{R}^n$ の部分集合，f，g を S 上の 0 次連続非負値関数とし，$f \leqq g$ とする．このとき $\int_S f d\boldsymbol{x} \leqq \int_S g d\boldsymbol{x}$ であることを証明せよ．

積分について本節で述べた定理は今後，「面積分」やそれを含めた意味での「広義積分」にもすぐさま適用されることになる．

5-5　不定積分と原始関数

この節では $n=1$ とする．F を $\boldsymbol{R}$ の部分集合 S 上の関数，f を S の稠密部分集合 T 上の関数とする．F が f の不定積分であるとは，$[x, y] \cap S$ をみたす任意の2実数 x，$y (x \leqq y)$ に対して f を何らかの非負値関数 g と h の差で表すことによって，$F(y)-F(x)$ が g，h を $[x, y]$ に制限した関数の $[x, y]$ 上の積分の差で表せることをいう．ちなみに，この差は g，h

のとり方に依存しない．S の 2 点 x，y（大小関係は問わない）に対して $F(y)-F(x)$ を $\int_{t=x}^{t=y} f(t)dt$ と表す．通常は $S=T$ でなおかつ区間であるもののみを扱うが本書では理論の整合性のためこのような定義を採用する．

微分積分学の基本定理　f を擬区間 I 上の 0 次連続関数，F を I 上の 1 次連続関数とする．このとき F が f の原始関数であることは F が f の I 上の不定積分であるための必要十分条件である．

証明

F^* を F の平均変化率，ϕ を f の，Φ^* を F^* の誤差関数とし，正数 t が与えられたとする．

まず，F が f の不定積分であるとする．また簡単のため，f の値は非負であるとし，その上界の 1 つを M としよう．このとき，$x<y$ なる x，y に対して $F(y)-F(x)$ は f の $I\cap[x,\ y]$ におけるグラフの外測値以下である．よって $|x-y|<\min\left\{\phi\left(\frac{t}{2}\right),\ \Phi^*\left(\frac{t}{2}\right)\right\}$ の範囲では

$$f(x)+\frac{t}{2}\geqq F^*(x,\ y)$$

すなわち

$$f(x)\geqq F^*(x,\ y)-\frac{t}{2}\geqq F^*(x,\ x)-t$$

である．また f の代りに $M-f$，$F(x)$ の代りに $Mx-F(x)$ として同様の考察を行うことにより $F^*(x,\ x)+t\geqq f(x)$ を得る．したがっていかなる正数 t に対してもこの不等式が成立するので，$F^*(x,\ x)=f(x)$ である．

次に F が f の原始関数であるとしよう．このとき，f は F^* の対角部への制限である．F^* は I^2 において値が 1 以上だと仮定しても一般性を失わない．今，I の 2 点 x，$y(x<y)$ が与えられたとしよう．このとき，I の点からなる単調増加列 $x=z_0$，z_1，$\cdots$，$z_k=y$ を $z_i-z_{i-1}<\Phi^*\left(\frac{t}{(y-x)}\right)$ をみた

すようにとり，各小区間 $I\cap[z_{i-1},\ z_i]$ において $0\leqq a_i-F^*(u_i,\ v_i)\leqq\min\left\{1,\ \dfrac{t}{(y-x)}\right\}$ をみたすように定数 a_i をとると，

$$F(y)-F(x)+t=\sum(F(z_i)-F(z_{i-1}))+t$$
$$>\sum(z_i-z_{i-1})a_i$$

となるので，値 $F(y)-F(x)$ に対して右辺は f のグラフの誤差 t 以内の外測値を与える．同様に f の代りに $g=M-f$，F の代りに $G(x)=Mx-F(x)$ として同様の考察をすることにより，g のグラフは $G(y)-G(x)+t$ よりも小さい外測値をもつので，$F(y)-F(x)$ は f の $I\cap[x,\ y]$ における定積分となる．したがって F は f の不定積分である． ■

〔註〕

旧来の実数論のもとでは，閉矩体上の連続関数はすべて0次連続であるが閉矩体という条件は省略できない．実際問題としてはこの定理によるまでもなく，閉矩体上での連続性の確認と0次連続性の確認は同じ程度の手間しかかからないものである．

5-6　積分の変数変換

一次変換の補題　$f=(f_1,\ f_2,\ \cdots,\ f_n)$ を $\boldsymbol{R}^n$ の有界部分集合 S 上の1次連続関数の組とする．今，f が0次同相であれば f による S の像の外測値として S の最小でない外測値の $|\det J|$ 倍をとることができる．ここに J は $(i,\ j)$ 成分が f_j における x_i の係数で与えられる行列である．

積分の変数変換定理　f を $\boldsymbol{R}^n$ の有界部分集合 S から $\boldsymbol{R}^n$ への1次連続関数とし，$\det J(\boldsymbol{x},\ \boldsymbol{x})$ は正の下界 c をもつとする．ここに J は $(i,\ j)$ 成分が f_j の x_i に関する偏平均変化率で与えられる行列を表す．また g を $f(S)$ 上の有界正値関数とする．このとき，S 上の関数 $\det J(\boldsymbol{x},\ \boldsymbol{x})g(f(\boldsymbol{x}))$ のグラフの最小でない外測値は $f(S)$ 上の関数 $g(\boldsymbol{x})$ のグラフの外測値であ

る.

証明

$\det J(\boldsymbol{x},\ \boldsymbol{x})g(f(\boldsymbol{x}))$ のグラフを構成する矩体としては底面の各方向の長さが一定で高さ方向には0を下端とするものにとり，これらの広さの総和を $\sum$ とする．矩体の一つとその底面 A の一点 $\boldsymbol{a}$ を固定し，一次写像 $h(\boldsymbol{y})=\boldsymbol{a}+(J(\boldsymbol{a},\ \boldsymbol{a}))^{-1}(\boldsymbol{y}-f(\boldsymbol{a}))$ を考えると

$$\begin{aligned}&h(f(\boldsymbol{x}))-\boldsymbol{x}\\&=J(\boldsymbol{a},\ \boldsymbol{a})^{-1}(J(\boldsymbol{x},\ \boldsymbol{a})-J(\boldsymbol{a},\ \boldsymbol{a}))(\boldsymbol{x}-\boldsymbol{a})\\&=\det J(\boldsymbol{a},\ \boldsymbol{a})^{-1}K(\boldsymbol{a},\ \boldsymbol{a})(J(\boldsymbol{x},\ \boldsymbol{a})-J(\boldsymbol{a},\ \boldsymbol{a}))(\boldsymbol{x}-\boldsymbol{a})\end{aligned}$$

となる．ここに K は J の余因子行列を表す．その結果，$K(\boldsymbol{a},\ \boldsymbol{a})(J(\boldsymbol{x},\ \boldsymbol{a})-J(\boldsymbol{a},\ \boldsymbol{a}))$ の成分の上界の一つを t とするとき A の外測値の $\left(1+\dfrac{2nt}{c}\right)^n$ 倍は $h(f(A))$ の外測値を与える．すなわち，さらにその $\left(1+\dfrac{2nt}{c}\right)\det J(\boldsymbol{a},\ \boldsymbol{a})$ 倍は $f(A)$ の外測値を与える．また，$\det(J(\boldsymbol{x},\ \boldsymbol{x})^{-1}J(\boldsymbol{a},\ \boldsymbol{a}))=\det(K(\boldsymbol{x},\ \boldsymbol{x})J(\boldsymbol{a},\ \boldsymbol{a}))(\det J(\boldsymbol{x},\ \boldsymbol{x}))^{-n}$ の上界の一つを $1+s$ とするとき，$f(A)$ 上の関数 $g(y)$ のグラフは $(1+s)\left(1+\dfrac{2nt}{c}\right)^{n+1}\sum$ を外測値にもつ．ところで $J(\boldsymbol{x},\ \boldsymbol{y})$，$K(\boldsymbol{y},\ \boldsymbol{y})$ の成分および det の 0 次連続性ならびに $\det J(\boldsymbol{x},\ \boldsymbol{x})$ が正の下界 c をもつことから正数 $(1+s)\left(1+\dfrac{2nt}{c}\right)^{n+1}-1$ は矩体への分割を小さくすれば A に無関係にいかほどでも小さくとれるので，所期の値自体が外測値となる． ■

系　f を $\boldsymbol{R}^n$ の有界部分集合 S から $\boldsymbol{R}^n$ への 0 次同相な 1 次連続写像とし，g を $f(S)$ 上の有界正値関数とする．さらに $\det J(\boldsymbol{x},\ \boldsymbol{x})$ は正の下界をもち，f の逆関数は 1 次連続であるとする．このとき，$g(f(\boldsymbol{x}))\det J(\boldsymbol{x},\ \boldsymbol{x})$ の S 上の積分は $g(\boldsymbol{x})$ の $f(S)$ 上の積分である．

第6章 曲線と曲面

ここでは空間における曲線の長さや曲面の面積とこのような図形の上での積分について統一的に論じる．そのため，この章でいう「距離」は日常的な意味でのものとする．すなわち，点 $\boldsymbol{x}$ と点 $\boldsymbol{y}$ の間の距離として**日常距離**

$$d_2(\boldsymbol{x},\ \boldsymbol{y})=\|\boldsymbol{x}-\boldsymbol{y}\|=\left(\sum(x_i-y_i)^2\right)^{\frac{1}{2}}$$

を用いる．

6-1 R^n の有界部分集合の p 次元の広さ

空間の中にある曲線の長さや曲面の広さの概念を統合し，整合性のある姿で一般的に定義するのはかなり難しい．ここでは次の3つの性質を満たすことを念頭に Minkowski content と呼ばれる量について考察する：

① 直積の広さは広さの積で与えられる．
② 基本的な例と整合
③ 空間への埋め込み方に依存しない

20 世紀以降の数学では「完全加法」と呼ばれる可算無限個の加法を重視するための変更が加えられるようになった．その結果，面積を巡って多くの複雑な概念が出現したが，無条件に①をみたすものは見られなくなった．「完全加法」を取り込んで，関数の極限と積分の交換を実現するという謳い文句で出現したのがルベーグ積分であるが，これも次章で述べるように実際には「優関数をもつ」という，極限の議論には場違いな制約の下でしかこの交換を保証しない．

n を非負整数，S を $\boldsymbol{R}^n$ の有界部分集合とする．また r を正数，p を n 以下の非負実数とし，$q=n-p$ を p の**余次元**という．このとき S の r 近傍の広さ $v(U(r,\ S))$ を $c_q r^q$ で割った値を $v^p(r,\ S)$ と表す．ここに c は添字次元の単位球の体積，すなわち $\dfrac{\pi^{\frac{q}{2}}}{\left(\frac{q}{2}\right)!}$ を表す．ただし一般に $x!$ は階乗の拡張値 $\Gamma(x+1)=\int_{t\to+0}^{t\to\infty} t^x e^{-t}dt$ を意味し，$\left(\frac{x}{2}\right)!$ は x が偶数のときには階乗，奇数のときには $\pi^{\frac{1}{2}}\cdot\left(\frac{1}{2}\right)\cdot\left(\frac{3}{2}\right)\cdots\left(\frac{x}{2}\right)$ を表す．今，いくつかの実数 V，a_i および $\boldsymbol{R}^n$ の有界部分集合 S_i が与えられたとしよう．そこで便宜上 $\sum_i a_i v^p(S_i)\leqq V$ と表記することがあるが，それは次のような関係をみたすことを意味する（しかしその表記における左辺は必ずしも確定した実数を表すわけではない）：

$$\forall V'>V\quad \exists r>0\quad \forall r_i>0\quad r_i\leqq r\quad \sum_i a_i v^p(r_i,\ S_i)\leqq V'.$$

またこのことは，V より大きい任意の実数 V' に対して $\sum_i a_i v^p(S_i)\leqq V'$ であることと同値である．特に $v^p(S)\leqq V$ となる正数 V をもつとき S は p 次元の**広さが有限**であるという．ところでこの表記ではさらにいくつかの項を移項したり，左右を逆転して $\geqq$ で表記することも許容する．さて

$$\sum_i a_i v^p(S_i)\leqq V \quad かつ \quad \sum_i a_i v^p(S_i)\geqq V$$

であるときは $\sum_i a_i v^p(S_i)=V$ と表す．この意味での $\leqq$，$\geqq$ は加法的な「順序」の性質をみたす．また $v^p(S)=V$ のとき，V を S の p **次元の広さ** (Minkowski content) という．

問　S_i を p 次元の広さをもつ $\boldsymbol{R}^n$ の有限個の有界部分集合とし，$S=\bigcup_i S_i$ とする．このとき次の不等式を示せ：

$$v^p(S) \leqq \sum_i v^p(S_i).$$

<例題>

a を正数，S_i を p 次元の広さをもつ $\boldsymbol{R}^n$ の有限個の有界部分集合とする．異なる i と j ごとに S_i の点 x_i と S_j の点 x_j の距離が a 以上であるとすれば次の不等式が成り立つ：

$$v^p(S) \geqq \sum_i v^p(S_i).$$

▶解

条件より，$\dfrac{a}{3}$ 以下の正数 r に対して次の不等式が成り立つ：

$$v(U(r,\ S)) \geqq \sum_i v(U(r,\ S_i)).$$

ここで両辺を $c_{n-p}r^{n-p}$ で割ることにより所期の結論を得る．

例 1

$\boldsymbol{R}$ の中にある区間 $[a,\ b]$ の 1 次元の広さ及び 1 点の 0 次元の広さは定義に従って計算するとそれぞれ $b-a$，1 であることが容易に分る．これに①を適用できれば，$\boldsymbol{R}^n$ の中にある p 次元の直方体の p 次元の広さは辺の長さの積であることが分る．このことから埋め込む空間の次元に依存しないことが分る．空間を決めた上で直交変換に関して不変であることは近傍が不変であることからわかる．

例 2

$\boldsymbol{R}^3$ の中にある単位球面 S にこの定義を適用すると，$v(U(r,\ S))$ は $r \leqq 1$ の範囲では $\dfrac{4\pi((1+r)^3-(1-r)^3))}{3}$ となる．このことから S の 2 次元の広

さは 4π であることが導かれる.

高次元の広さの定理　$p'>p$ とし $\boldsymbol{R}^n$ の有界集合 S の p 次元の広さが有限であるとき，S は p' 次元の広さが 0 である.

6-2　直積の広さ

直積の広さの定理　$V_\pm$，$V_\pm{}'$ を正数とし，S を $\boldsymbol{R}^n$ の，S' を $\boldsymbol{R}^{n'}$ の有界部分集合とする．このとき次の不等式が得られる：

$$v^p(S)\leqq V_+,\ v^{p'}(S')\leqq V_+{}' \quad\Rightarrow\quad v^{p+p'}(S\times S')\leqq V_+\cdot V_+{}'$$
$$v^p(S)\geqq V_-,\ v^{p'}(S')\geqq V_-{}' \quad\Rightarrow\quad v^{p+p'}(S\times S')\geqq V_-\cdot V_-{}'.$$

証明

k を 2 以上の整数とする．$i=1,\ 2,\ \cdots,\ k^2$ に対して $r_i=\dfrac{i^{\frac{1}{2}}r}{k}$，$a_i=c_q r_i^q$，$a'_i=c_{q'}r_i^{q'}$ とし，$S_i=U(r_i,\ S)$，$S'_i=U(r_i,\ S')$ と定める．また $i=0$ に対しては $a_0=a'_0=0(=r_0)$，$S_0=\phi$ とする．このとき，k が正数 ε に対して十分に大きければ第 1 式の仮定から次の不等式が得られる：

$$\begin{aligned}
&v(U(r,\ S\times S'))\\
\leqq&\sum(v(S_i)-v(S_{i-1}))v(U(r_{k-i+1},\ S'))\\
\leqq&\sum(v(S_i)-v(S_{i-1}))a'_{k-i+1}(V_+{}'+\varepsilon)\\
\leqq&\sum v(S_i)(a'_{k-i+1}-a'_{k-i})(V_+{}'+\varepsilon)\\
\leqq&\sum a_i(v^p(S)+\varepsilon)(a'_{k-i+1}-a'_{k-i})(V_+{}'+\varepsilon)
\end{aligned}$$

ここに和は 1 から k^2 までわたる．さて $\sum a_i(a'_{k-i+1}-a'_{k-i})$ は次の集合を縦に $c_{q'}(r^2(1+k^{-2})^{\frac{q'}{2}})$ 倍，横に $c_q(r^2(1+k^{-2}))^{\frac{q}{2}}$ 倍伸縮させたものの中にある集矩体の広さとして捉えられる：

$$\{(x,\ y)\mid \exists t\in(0,\ 1)\quad 0<x<t^{\frac{q}{2}},\ 0<y<(1-t)^{\frac{q'}{2}}\}.$$

この集合の広さは積分で表記され，B 関数の計算により次の結論を得る：

$$
\begin{aligned}
&v(U(r,\ S\times S'))\\
&\leqq c_Q r^Q (1+k^{-2})^{\frac{Q}{2}}(V_+ +\varepsilon)(V_+{}' +\varepsilon).
\end{aligned}
$$

ここに $P=p+p'$，$Q=q+q'$ とする．逆の不等式に関しても同様にして

$$
\begin{aligned}
&v(U(r,\ S\times S'))\\
&\geqq \sum (v(S_i)-v(S_{i-1}))v(U(r_{k-i},\ S'))\\
&\geqq \sum (v(S_i)-v(S_{i-1}))a'_{k-i}(V_-{}'-\varepsilon)\\
&\geqq \sum v(S_{i-1})(a'_{k-i+1}-a'_{k-i})(V_-{}'-\varepsilon)\\
&\geqq \sum a_{i-1}(V_- -\varepsilon)(a'_{k-i+1}-a'_{k-i})(V_-{}'-\varepsilon)\\
&\geqq c_Q r^Q (1-k^{-2})^{\frac{Q}{2}}(V_- -\varepsilon)(V_-{}'-\varepsilon)
\end{aligned}
$$

を得る．ところでこれらの不等式において，要求誤差に応じて正数 ε と所定の k を適切に定めることで $v^P(r,\ S\times S')$ と $V_\pm\cdot V_\pm{}'$ の差をその範囲にできる．したがって広さの積は直積の P 次元の広さを表すことが分かる．

■

系（広さの埋め込み不変性）$\boldsymbol{R}^n$ の有界部分集合の p 次元の広さはもっと高次元空間に埋め込んでも変わらない．

証明

余次元の空間における1点を直積した上で p 次元の広さを調べると分る．

■

〔註〕

一般的にいって p を固定し r を0に近づけたときの $v^p(r,\ S)$ の挙動は複雑である．これが有界となるような p の下限を S の「上次元」，∞ に発散するような p の上限を「下次元」といい，この2つが同じ値をとるとき「次元」という．本書で採用する Minkowski content は広さの定まった集

合の直積に対してはそれぞれの広さの積で与えられるが，もっと一般的に次元は和で表される．しかし，例えば $\boldsymbol{R}^2$ の部分集合は 1 次元であるからといって素朴な意味で線状を呈しているというわけではない．すなわち次の集合はある正数次元の広さが有限値に確定し，それを 2 つ直積するとその 2 倍の次元の広さが確定する．特にパラメーターがある値のとき直積は 1 次元であるが，およそ「線」という感覚から外れている．

例

a を正数とする．このとき次に挙げる集合 S の $\dfrac{1}{(1+a)}$ 次元の広さは

$(a+1)\left(\dfrac{a}{2}\right)^{-\frac{a}{(1+a)}}\dfrac{\pi^{-\frac{1}{(1+a)}}}{\Gamma\left(1+\dfrac{1}{2(1+a)}\right)}$ である：

$$S=\{n^{-a}|n=1,\ 2,\ \cdots\}.$$

正数 r に対して $n^{-a}-(n+1)^{-a}<2r\leqq(n-1)^{-a}-n^{-a}$ となる n が存在し，この範囲の r に対しては $|U(r,\ S)|=n^{-a}+2rn$ である．さて n を固定したときこの値の $r^{-\frac{a}{(1+a)}}$ 倍が上記の範囲でとりうる極値は $r=\dfrac{an^{-(1+a)}}{2}$ における値 $(a+1)\left(\dfrac{a}{2}\right)^{-\frac{a}{(1+a)}}$ のみであり，この値は n に依存しない．そこで端 $\dfrac{(n^{-a}-(n+1)^{-a})}{2}$ における値 A_n の変化が問題になる．

まず $u=1+n^{-1}$ さらに $x=\left(\dfrac{(1-u-a)}{2(u-1)}\right)^{\frac{1}{(1+a)}}$ と定めるとき，$A_n=x-a+2x$ である．ここで n として整数の代わりに $+0$ から ∞ まで変化する実数値を想定すると，u は ∞ から $1+0$ まで単調減少する．次いで x の u に関する対数微分を通分すると分子 $B(u)$ は $a(u-1)u^{-a-1}-1+u^{-a}$ となる．

ここでさらに $B(u)$ を u で微分した値 $-a(a+1)(u^{-a-1}-u^{-a-2})$ は負であって，u が ∞ から $1+0$ まで変化するとき $B(u)$ は単調に増加する．一方 $B(1+0)=0$ より $B(u)$ のみならず x の対数微分も負である．つまり log

x さらには x も単調に増加するので x の変域は $+0$ から $\left(\frac{a}{2}\right)^{\frac{1}{(1+a)}}-0$ までであることが分る．

したがって A_n をこの変域において x で微分すると，その値 $-ax^{-a-1}+2$ は負となり，A_n は単調に減少する．ここで n が整数という制約下で限りなく大きくなると，x は $\left(\frac{a}{2}\right)^{\frac{1}{(1+a)}}$ に近づき A_n は $(a+1)\left(\frac{a}{2}\right)^{-\frac{a}{(1+a)}}$ に収束する．

以上のことを総合すると，r が 0 に近づいたとき $r^{-\frac{a}{(1+a)}}|U(r,\ S)|$ は収束し，S の $\frac{1}{1+a}$ 次元の広さは所期の値に確定することが分る．

参考

可算無限加法を取り込んだ旧来の種々の「次元」ではこの例も正数次元の広さが0である．一方「標準カントール集合」と呼ばれる集合はいずれの体系でも $\log_3 2$ 次元である．その変形として 0 と 1 の間のいずれの次元の集合も構成されるが，それを 2 つ直積した集合に対する 2 倍の次元の広さはもとの集合の広さの平方であるというわけにはいかない．

6-3　積分

S を $\boldsymbol{R}^n$ の有界部分集合で p 次元の広さをもつものとし，f を S 上で定義された 0 次連続関数とする．もし f が非負値であってそのグラフの $p+1$ 次元の広さが存在するときこの値を f の S 上の p **次元の積分**という．S が「細分」をもつとき，その上の任意の非負値 0 次連続関数に対して積分が「実効切断」として一般的に正当化できるのであるが，これについては「実数論」の章において述べる．

積分の加法性の基本原理　f を S 上 p 次元の積分値 A をもつ非負値の 0 次連続関数とする．このとき，g が S 上で p 次元の積分値 B をもつことと $f+g$ が p 次元の積分値 $A+B$ をもつことは同値である．

証明

正数 ε が与えられたとし，f と g の値の変動が ε 以下になる幅 $\delta(\varepsilon)$ をとり，$\min\left\{\varepsilon,\ \dfrac{\delta(\varepsilon)}{4}\right\}$ 以下の値 r に対して $U(r,\ [f+g])$ の広さを評価しよう．まず $U(r,\ S)$ を差し渡し $d=\delta(\varepsilon)$ で網目に切る．その破片の一つ□が点 x をもっているとする．このとき□の上にある $U(r,\ [f+g])$ の部分の座標値 H は最小が 0，大きい方は $f(x)-\varepsilon+g(x)-\varepsilon$ 以上あるが，大きく見積もっても

$$H\leqq f(x)+\varepsilon+2r+g(x)+\varepsilon+2r$$

となる．このような部分の $n+1$ 次元の広さを合計して

$$\begin{aligned} &v(U(r,\ [f]))+v(U(r,\ [g]))-8\varepsilon v(U(r,\ S)) \\ &\leqq v(U(r,\ [f+g])) \\ &\leqq v(U(r,\ [f]))+v(U(r,\ [g])) \end{aligned}$$

を得る．任意の正数 ε に対してこの評価が得られることから，$f+g$ の積分値が $A+B$ で与えられることが分かる．$f+g$ の積分値が分かっているときも同様の評価により，所期の結論を得る． ■

以下 S は $\boldsymbol{R}^n$ の有界部分集合とし，p 次元の広さをもつものとする．この節の残りの定理は容易に検証されるので証明は略する．

積分の比例性の基本原理　a を非負定数とし，f を S 上 p 次元の積分値 A をもつ非負値の 0 次連続関数とする．このとき，af は p 次元の積分値 aA をもつ．

f が S 上 p 次元の積分をもつ 0 次連続な非負値の関数の差で表されるときはそれらの積分の差をもって f の S 上の積分という．この値は上の基本原理によると非負値 0 次連続関数の選び方に依存しない．ここで一般的に次の定理が成立する．

積分の線型性定理　a, bを実数とし，またf, gをS上p次元の積分をもつ0次連続関数とする．今f, gがS上でp次元の積分値A, Bをもてば$af+bg$はp次元の積分値$aA+bB$をもつ．

6-4 向きのない広さとその上の積分

Sを$\boldsymbol{R}^m$の部分集合とし，任意の正数εに対してSの中で単体的複体Kをうまくとると$S-K$の広さがε以下になるものと仮定する．Sから$\boldsymbol{R}^n$への0次連続写像ϕが**絶対連続**であるとは任意の正数εに対して正数δをうまくとるとSの中の任意の単体的複体Kに対して広さがδ以下であれば単体の像の広さの和はε以下であることをいう．以下この章では有界集合Sおよび絶対連続写像ϕを固定する．

KをSの中の単体的複体とする．Kに属する単体へのϕによる像のm次元の広さを総和した値のKに関する上限が与えられているとき，この値をϕのm次元の**向きのない広さ**という．

向きなし広さの直積の定理　m次元単体的複体Sから$\boldsymbol{R}^n$への0次連続写像ϕとm'次元単体的複体S'から$\boldsymbol{R}^{n'}$への0次連続写像ϕ'に対し，前者のm次元の向きのない広さと後者のm'次元の向きのない広さの積は$\phi\times\phi'$の$m+m'$次元の向きのない広さである．

証明は略する．

ϕの像を含む集合上の非負値の0次連続関数fに対し，そのグラフのなす$m+1$次元の向きのない広さをfのϕに関する積分という．Sにおける非負値の0次連続関数f_1とf_2に対してその和のm次元積分はそれぞれの積分の和に等しい．それゆえ，f_1とf_2の差で表される関数fに対してこれらの関数の積分の差をfのm次元積分という．この値はf_1, f_2の選び方によらない．

向きなし積分の線型性定理定数　a, bおよび0次連続関数f, gに対して，$af+bg$ の m 次元積分は f の積分の a 倍と g の積分の b 倍の和になる．

向きなし積分の分割定理　定義域を2つの複体に分割しても0次連続関数の m 次元積分の値は変わらない．

証明は略する．

ϕ を区間 $[a,\ b]$ から $\boldsymbol{R}^n$ への0次連続写像とする．ここで区間に分点列 $a=x_0,\ x_1,\ \cdots,\ x_k=b$ を考える．このとき $d_2(\phi(x_i),\ \phi(x_{i-1}))$ の $1\leqq i\leqq k$ における和を総和した値の上限 λ が存在すればその値を ϕ の長さという．長さについても向きなし積分と同様に分割定理が成立するが証明は略する．

長さの定理　長さは ϕ の向きのない1次元の広さである．

<補題>

$v(U(r,\ \mathrm{Im}\,\phi))\leqq c_{n-1}r^{n-1}\lambda(\phi)+c_nr^n \quad 0\leqq r<\infty$

証明

まず，ϕ が折れ線であるケースを考える．このとき $U(r,\ \mathrm{Im}\,\phi)$ は各線分の r 近傍から始点の r 近傍を除いたものと ϕ の始点の r 近傍で覆われる．したがってこのときは所期の不等式が得られる．

一般的なケースでは，正数 ε ごとに ϕ を分点の像を順次に分節点とする折れ線で ε 近似したものを ψ とすると $U(r,\ \mathrm{Im}\,\phi)\subset U(r+\varepsilon,\ \mathrm{Im}\,\psi)$ である．その結果，

$$
\begin{aligned}
&v(U(r,\ \mathrm{Im}\,\phi))\leqq v(U(r+\varepsilon,\ \mathrm{Im}\,\psi))\\
&\leqq c_{n-1}(r+\varepsilon)^{n-1}\lambda(\psi)+c_n(r+\varepsilon)^n\\
&\leqq c_{n-1}(r+\varepsilon)^{n-1}\lambda(\phi)+c_n(r+\varepsilon)^n
\end{aligned}
$$

となり，これがいかなる正数 ε に対しても成立するので所期の結論が得られる．　■

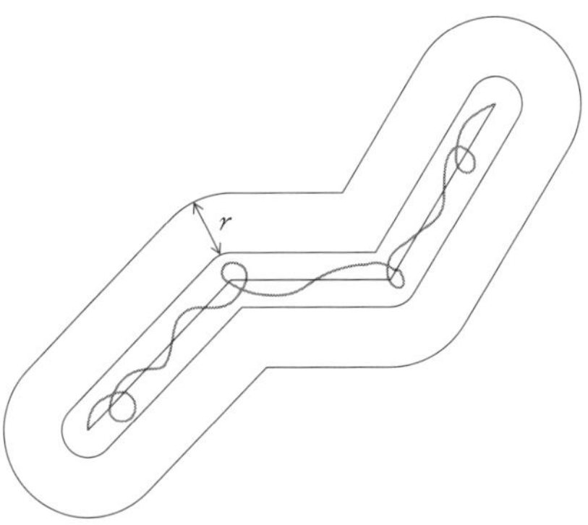

長さの定理の証明

まず，上の補題により向きのない1次元の広さが長さ以下であることが分る．長さ以上であることを示すには，分点の像を順次に分節点とするいかなる折れ線に対してもその長さ以上であることを示せばよい．また，これは長さの分割原理から，この折れ線が単一の線分であるケースに帰着する．

このケースでは線分を空間の中で第1座標方向に置いてみると，曲線はこの線分と始点終点を共有している．それ故，その像の r 近傍を線分に垂直な超平面で切断すると断面は半径 r の $n-1$ 次元球体を包含するので全体として線分の像の r 近傍以上の広さをもつ．したがって ϕ の1次元の広さはこの線分の長さ以上である．

すなわち前半の結論と合わせて，長さは向きのない広さである．■

6-5　1次同相写像に関する m 次元積分

以下 ϕ が1次連続であると仮定し，$(i,\ j)$ 成分が偏平均変化率 ϕ_j^i で表される行列を J，また ${}^tJJ$ を D と表し，$\det D$ が定義域の対角部において正の下界をもつとする．

問　D を直交対角化し，次に $X^2=D$ となる正定値対称行列 X を1つ求めよ（実は正定値対称行列という制約下で X は唯一である）．また，D の固有値は対角部において正の下界をもつことを示せ．

上問で定められる X を $D^{\frac{1}{2}}$，その逆行列を $D^{-\frac{1}{2}}$ と表す．この節の主命題である下記の定理は ϕ が絶対連続写像であることを導く．

複体上の積分定理　非負値 0 次連続関数 f の ϕ に関する積分は次の式で与えられる：

(1)　$\int f(\phi(\boldsymbol{x}))\det D(\boldsymbol{x}, \boldsymbol{x})^{\frac{1}{2}} d\boldsymbol{x}$

(2)　特に ϕ の広さは $\int \det D(\boldsymbol{x}, \boldsymbol{x})^{\frac{1}{2}} d\boldsymbol{x}$.

以下，この定理の (2) を証明するべく準備する．それができると f の ϕ に関するグラフ写像に適用することで (1) が得られる．以下この節では S の点 a を固定し，$\boldsymbol{R}^m$ から $\boldsymbol{R}^n$ への写像 ι，$\boldsymbol{R}^n$ から $\boldsymbol{R}^m$ への次の正射影 π を次式で定める：

$$\iota : \boldsymbol{x} \to J(\boldsymbol{a}, \boldsymbol{a}) D(\boldsymbol{a}, \boldsymbol{a})^{-\frac{1}{2}} \boldsymbol{x}$$

$$\pi : \boldsymbol{v} \to D(\boldsymbol{a}, \boldsymbol{a})^{-\frac{1}{2}}\, {}^t J(\boldsymbol{a}, \boldsymbol{a}) \boldsymbol{v}.$$

このとき π_a は正射影である（係数行列の行ベクトルが正規直交系をなすことを確認すればよい）．ここで正数 r および S の点 s に対して集合 $V(s)$ を次のように定める：

$$V(r, \boldsymbol{s}) = \pi^{-1}(\pi \circ \phi(\boldsymbol{s})) \cap U(r, \phi(\boldsymbol{s})).$$

また S の点 $\boldsymbol{s}$ すべてについて $V(r, \boldsymbol{s})$ を合併した $\boldsymbol{R}^n$ の部分集合を $V(r, S)$ と表記する．

問　J が定数行列で，$\det D$ が正であるとする．このとき ϕ の広さは S の

広さの $(\det D)^{\frac{1}{2}}$ 倍であることを示せ．ヒント：$\pi\circ\phi$ に変数変換定理を適用せよ．

<補題>

r を正数，d を1未満の正数とし，$\varDelta$ を単体とする．今 $\varDelta^2$ の元 $(\boldsymbol{x},\ \boldsymbol{y})$ で定まる行列 $G(\boldsymbol{x},\ \boldsymbol{y})=D(\boldsymbol{a},\ \boldsymbol{a})^{-1}\,{}^tJ(\boldsymbol{a},\ \boldsymbol{a})(J(\boldsymbol{x},\ \boldsymbol{y})-J(\boldsymbol{a},\ \boldsymbol{a}))$ の成分の平方の総和が d^2 以下であるとする．このとき $\mathrm{Im}\,\phi$ の r 近傍の広さは次の不等式で評価される：

$$
\begin{aligned}
&c_q r^q v^m(\mathrm{Im}\,\pi\circ\phi)\\
&\leqq v(U(r,\ \mathrm{Im}\,\phi))\\
&\leqq c_q(r+rd)^q v^m(\mathrm{Im}\,\pi\circ\phi)\\
&\quad +v(U(r+rd,\ \mathrm{Im}\,\phi|_{\partial\varDelta}))
\end{aligned}
$$

証明

まず1次同相定理により $\pi\circ\phi$ は像への1次同相であることが分る．そこで $\pi\circ\phi$ の（像の上の）逆写像を ψ と定める．さて $U(r,\ \mathrm{Im}\,\phi)$ は $V(r,\ S)$ を包含するが，$\pi(\phi(\boldsymbol{s}))$ を $\phi(\boldsymbol{s})$ に写す写像 $\phi\circ\psi$ が0次連続であることから第1の不等式が得られる．ここで $\mathrm{Im}\,\phi$ の点 $\phi(\boldsymbol{x})$ から距離 r 以内にある $\boldsymbol{R}^m$ の点 $\boldsymbol{u}$ をとってみよう．

まず点 $\pi(\boldsymbol{u})$ における写像 $\pi\circ\phi$ の写像度が定義されその値が0でないケースを考えよう．このとき $\pi\circ\phi$ の像の点 $\pi(\phi(\boldsymbol{y}))$ で $\pi(\boldsymbol{u})$ にいくらでも近いものが存在する．そこで $\boldsymbol{u}$ から $\phi(\boldsymbol{y})$ に至る経路に中継点 $\boldsymbol{v}$ および $\boldsymbol{v}'$ を

$$
\begin{aligned}
&\boldsymbol{v}=\iota\circ\pi(\phi(\boldsymbol{y})-\boldsymbol{u})+\boldsymbol{u}\\
&\boldsymbol{v}'=\iota\circ\pi(\phi(\boldsymbol{y})-\phi(\boldsymbol{x}))+\phi(\boldsymbol{x})
\end{aligned}
$$

とおくと，$\boldsymbol{uv}$ は $\boldsymbol{v}'\phi(\boldsymbol{y})$，$\boldsymbol{v}'\boldsymbol{v}$ とそれぞれ直交し $\boldsymbol{u}$ と $\boldsymbol{v}$ の間の距離は $\pi(\boldsymbol{u})$ と $\pi(\phi(\boldsymbol{y}))$ の間の距離である．今 $\boldsymbol{v}$ と $\phi(\boldsymbol{x})$ の間の距離を R とおき，$\phi(\boldsymbol{x})$ と $\boldsymbol{v}'$ の間の距離を変数 t とみると $\boldsymbol{v}$ と $\boldsymbol{v}'$ の間の距離は $(R^2-t^2)^{\frac{1}{2}}$，$\phi(\boldsymbol{y})$

と $\boldsymbol{v}'$ の間の距離は td 以下になる．そこで t を変数として両値の和に対する極値問題を解くと問題の和は $R(1+d^2)^{\frac{1}{2}}$ 以下であることが分る．ここで $\boldsymbol{u}$ と $\boldsymbol{v}$ の間の距離を δ とすると R は $r+\delta$ 以下であり，δ を小さくとると $\boldsymbol{v}$ と $\phi(\boldsymbol{y})$ の間の距離は $r+rd$ 以下になる．また $\pi(\boldsymbol{v})$ は $\pi(\phi(\boldsymbol{y}))$ に一致する．すなわちこのケースでの $\boldsymbol{u}$ は V の中にいかようにも近い点 $\boldsymbol{v}$ をもつので V の閉包の点である．

次に点 $\pi(\boldsymbol{u})$ における写像 $\pi\circ\phi$ の写像度が定義されていなかったり，あるいは定義されていても 0 であったとしよう．このとき $\boldsymbol{u}$ が $U(r+rd, \operatorname{Im}\phi|_{\partial\Delta})$ の閉包に属することを示そう．まず $\boldsymbol{R}^m$ 上で $\pi(\phi(\boldsymbol{x}))$ から $\pi(\boldsymbol{u})$ に至る線分にいくらでも近い $\operatorname{Im}(\pi\circ\phi|_{\partial\Delta})$ の点 $\pi(\phi(\boldsymbol{y}))$ が存在する．また，この線分上で $\pi(\phi(\boldsymbol{y}))$ から最も近い点を $\boldsymbol{u}'$ としよう．そこで点 $\boldsymbol{v}$ を

$$\boldsymbol{v}=\iota\circ\pi(\phi(\boldsymbol{y})-\boldsymbol{u}')+\boldsymbol{u}'$$

と定め $\boldsymbol{v}$ と $\phi(\boldsymbol{x})$ の間の距離を R とすると，前のケースと同様 $\boldsymbol{v}$ と $\phi(\boldsymbol{y})$ の間の距離は $R(1+d^2)^{\frac{1}{2}}$ 以下である．ここで $\boldsymbol{u}'$ と $\boldsymbol{v}$ の間の距離を δ，$\phi(\boldsymbol{x})$ と $\boldsymbol{u}'$ の距離を s とすると R は $s+\delta$ 以下であり，$\boldsymbol{u}$ と $\phi(\boldsymbol{y})$ の距離は $r-s+\delta+(s+\delta)(1+d^2)^{\frac{1}{2}}$ 以下である．この値の s に関する最大値は $s=r$ のときにとるので，δ を小さくとっておくと $r+rd$ 以下であることが分る．したがってこのケースでは $\boldsymbol{u}$ は $U(r+rd, \operatorname{Im}\phi|_{\partial\Delta})$ に属することが分かる．

これら 2 つのケースを総合して，$\operatorname{Im}\phi$ の点 $\phi(\boldsymbol{x})$ から距離 r 以内にある $\boldsymbol{R}^m$ の点は $U(r+rd, \operatorname{Im}\phi|_{\partial\Delta}))$ または V の閉包に属するので所期の結論を得る． ■

複体上の積分定理の証明

前述したように (2) を証明すればよい．正数 d と S に含まれる単体的複体 K を固定して考えよう．便宜上 K はあらかじめ単体分割して各単体上では補題でいう G の成分の平方の総和がいかなる $(\boldsymbol{a}, \boldsymbol{x}, \boldsymbol{y})$ に対しても d^2 以下であるようにしてあるものとしてもよい．

このとき K に属する単体 Δ への ϕ による像の m 次元の広さを総和した

値を考えよう．さて各々の広さ $v^m(S_\Delta)$ は補題により

$$\begin{aligned}&c_q r^q v^m(\operatorname{Im}\pi\circ\phi|_\Delta)\\ \leqq\ & v(U(r,\ \operatorname{Im}\phi|_\Delta))\\ \leqq\ & c_q(r+rd)^q v^m(\operatorname{Im}\pi\circ\phi|_\Delta)\\ &+v(U(r+rd,\ \operatorname{Im}\phi|_{\partial\Delta}))\end{aligned}$$

であるが，$(r+rd)^{m-n-1}v(U(r+rd,\ \operatorname{Im}\phi|_{\partial\Delta}))$ の $r\to 0$ における極限値が有限であることから

$$\begin{aligned}&\int_\Delta \det(D(\boldsymbol{a},\ \boldsymbol{a})^{-\frac{1}{2}}\,{}^tJ(\boldsymbol{a},\ \boldsymbol{a})J(\boldsymbol{x},\ \boldsymbol{x}))d\boldsymbol{x}\\ =\ & v^m(\operatorname{Im}\pi\circ\phi|_\Delta)\\ \leqq\ & v^m(\operatorname{Im}\phi|_\Delta)\\ \leqq\ & (1+d)^q v^m(\operatorname{Im}\pi\circ\phi|_\Delta)\end{aligned}$$

であることが分かる．ここで $\det(D(\boldsymbol{a},\ \boldsymbol{a})^{-\frac{1}{2}}\,{}^tJ(\boldsymbol{a},\ \boldsymbol{a})J(\boldsymbol{x},\ \boldsymbol{x}))$ と $\det D(\boldsymbol{a},\ \boldsymbol{a})^{\frac{1}{2}}$ の差の上界を δ とし，各辺の Δ に関する和をとると

$$\begin{aligned}&\int_K(\det D(\boldsymbol{a},\ \boldsymbol{a})^{\frac{1}{2}}-\delta)d\boldsymbol{x}\\ \leqq\ & v^m(\operatorname{Im}\phi|_K)\\ \leqq\ & (1+d)^q v^m(\operatorname{Im}\pi\circ\phi|_K)\\ \leqq\ & (1+d)^q\int_K(\det D(\boldsymbol{a},\ \boldsymbol{a})^{\frac{1}{2}}+\delta)d\boldsymbol{x}\end{aligned}$$

を得る．det の 0 次連続性より，この関係は分割を細かくすることですべての正数 d，δ に対して成立する．したがって

$$\begin{aligned}&\int_K\det D(\boldsymbol{a},\ \boldsymbol{a})^{\frac{1}{2}}d\boldsymbol{x}\\ \leqq\ & v^m(\operatorname{Im}\phi|_K)\\ \leqq\ & \int_K\det D(\boldsymbol{a},\ \boldsymbol{a})^{\frac{1}{2}}d\boldsymbol{x}\end{aligned}$$

ここで $S-K$ の広さがいくらでも小さくとれることから

$$\int \det D(\boldsymbol{a},\ \boldsymbol{a})^{\frac{1}{2}} d\boldsymbol{x}$$
$$\leqq v^m(\mathrm{Im}\,\phi)$$
$$\leqq \int \det D(\boldsymbol{a},\ \boldsymbol{a})^{\frac{1}{2}} d\boldsymbol{x}$$

すなわち所期の結論を得る． ■

系1　$m=1$ のとき $\phi(x)={}^t(\phi_1(x),\ \phi_2(x),\ \cdots,\ \phi_n(x))$ に対して m 次元積分は次の式で与えられる：

$$\int f\circ\phi((\sum \phi_j'^2)^{\frac{1}{2}})dx$$

系2　$m=2$, $n=3$ で ϕ が xy 平面の有界集合上で1次連続関数 ψ を用いて $(x,\ y,\ \psi(x,\ y))$ と書けているとき m 次元積分は次の式で与えられる：

$$\int f\circ\phi(1+\psi_x{}^2+\psi_y{}^2)^{\frac{1}{2}})d(x,\ y).$$

証明

$\det D(\boldsymbol{x},\ \boldsymbol{x})=(1+\psi_x{}^2)(1+\psi_y{}^2)-(\psi_x\psi_y)^2$ であるので所期の結論を得る．ここに $\boldsymbol{x}={}^t(x,\ y)$ とする． ■

第7章 変動過程，積分の連続性と累次積分

この章では関数列・累次積分などいわゆる極限操作に関連する事柄の考察を行う．この章で出現する0次連続関数は（指定された次元の）積分値をもつものとする．

7-1 数列・関数列

自然数の全体を $\boldsymbol{N}$ と表す．以下，自然数の逆数すべてと0からなる集合を $\varXi$ と表す．また，便宜上 ∞ なる記号を用い，これを0の逆数と解釈する．D を $\boldsymbol{R}^n$ の部分集合とする．$\boldsymbol{N}\times D$ 上の関数 f を D 上の**関数列**という．慣習的には $f(k,\ \boldsymbol{x})$ の代わりに $f_k(\boldsymbol{x})$ と表す．特に $n=0$ で D が1点からなるときは関数列は単に数列という．このとき「一様連続関数の列 $f_k(\boldsymbol{x})$ が $f_\infty(\boldsymbol{x})$ に一様収束する」とは関数 $f_k(\boldsymbol{x})$ が $\left(\dfrac{1}{k},\ \boldsymbol{x}\right)$ に関して $\varXi\times D$ 上で0次連続関数であることをいう．この章ではこういったことを伏線にして0次連続関数について考察する．

参考

通常は $f_k(\boldsymbol{x})$ が $\boldsymbol{x}$ を決めるごとに0次連続であることを $f_k(\boldsymbol{x})$ は各点収束するといい，$(k,\ \boldsymbol{x})$ に関する0次連続性を意味する一様収束性との差異について注意を喚起する．また連続でない関数の列についてもこれらの概念を当てはめる．しかし本書では関数を変数ごとに捉えたものはそもそも認識しないし，連続でない関数を含む対象を根本概念に据えることには関心を払わない．

〔註〕

一様収束の解説に用いた関数$\xi=\dfrac{1}{k}$は，$k\to\infty$ のとき 0 に単調減少に収束する関数なら他の関数に換えてもよい．

関数列 $f_k(\boldsymbol{x})$ が $\left(\dfrac{1}{k},\ x\right)$ に関して 0 次連続であることを通常は一様収束するというが，ここでは 0 次収束するという．正整数 α に対して「関数列 $f_k(\boldsymbol{x})$ が α 次収束する」なる概念を次のように帰納的に定義する：

$$\forall\beta<\alpha\quad\exists f^i : \beta \text{ 次収束}$$
$$f_k(\boldsymbol{x})-f_k(\boldsymbol{y})=\sum f_k{}^i(\boldsymbol{x},\ \boldsymbol{y})(x_i-y_i).$$

【定理】

直方体上で 0 次収束する関数列 $f_k(\boldsymbol{x})$ が $k(\neq\infty)$ を固定するごとに 1 次連続であり，その第 i 偏導関数 $f_k{}^i$ が $\left(\dfrac{1}{k},\ \boldsymbol{x}\right)$ に関して 0 次連続な何らかの関数 g^i により $f_k{}^i(\boldsymbol{x})=g^i\left(\dfrac{1}{k},\ \boldsymbol{x}\right)$ と表されるとき $f_k(\boldsymbol{x})$ は 1 次収束し，$f(\boldsymbol{x})$ の第 i 偏導関数は $g^i(0,\ \boldsymbol{x})$ である．

証明

(3-1) 微分誤差の基本定理による． ■

例

$\Xi\times\boldsymbol{R}$ 上の関数 $g(\xi,\ x)$ を次の式で定義する：

$$g(\xi,\ x)=\begin{cases}\displaystyle\sum_{i=0}^{1/\xi}\frac{x^i}{i\,!} & \cdots\cdots\cdots\quad \xi\neq0\\ e^x & \cdots\cdots\cdots\cdots\quad \xi=0.\end{cases}$$

以下，当面は正数 a を固定し $|x|\leqq a$ の範囲で考える．$A=\{0\}\times[-a,\ a]$ とおくと，g は A において正数 t に対して $\xi\geqq t$ の範囲では 0 次連続である．また，e^x に多項式近似定理を適用することにより次の不等式を得る：

$$|g(\xi,\ x)-g(0,\ x)| \leqq \frac{e^a a^{1+\frac{1}{\xi}}}{\left(1+\frac{1}{\xi}\right)!}.$$

ここで右辺の ξ に関する誤差関数を ψ とすると，$|(\xi,\ x)-(0,\ x)| \leqq \psi(t)$ の範囲では $|g(\xi,\ x)-g(0,\ x)| \leqq t$ である．よって g は（1.5）境界値定理の条件をみたすので 0 次連続である．

ところで $f_k(x)=g\left(\frac{1}{k},\ x\right)$ とおくと関数列 $f_k(x)$ は $k(\neq\infty)$ ごとに 1 次連続であり，その導関数 f_k' は $\left(\frac{1}{k},\ x\right)$ に関して 0 次連続な関数 g により $f_k'(x)=g\left(\frac{1}{(k-1)},\ x\right)$ と表される．したがって $f_k(x)$ は 1 次収束する．

7-2　変動細分系

以下自然数の逆数と 0 からなる集合を Ξ と表す．次に前段として $\boldsymbol{R}^n$, $\boldsymbol{R}^{n'}$ それぞれの有界部分集合 X, Y, さらに $X\times Y$ の部分集合 S とその上の非負値関数 f を固定する．いわゆる「関数列」は S が $\Xi\times Y$ になるケースと考えられ，以下の議論が適用される．

ここで関数の定義域を積分方向に沿って切った断面が連続的に変化することを表現するため下記の定義をおく．まず X の点 $\boldsymbol{x}$ ごとに S の **$\boldsymbol{x}$-断面** $S(\boldsymbol{x})$ を次の式で定める：

$$S(\boldsymbol{x})=\{\boldsymbol{x}\ \text{を}\ X\text{-座標値にもつ}\ S\ \text{の点の}\ Y\text{-座標}\}.$$

X を $\boldsymbol{R}^n$ の，Y を $\boldsymbol{R}^{n'}$ の有界部分集合とし，S を $X\times Y$ の部分集合とする．$\mathbb{S}=\{S^I\subset S : I\ \text{は番号 0, 1 の有限列}\}$ が X の部分集合 X' における S の（Y に関する p' 次元の）**変動細分系**であるとは次の 2 条件を満たすことをいう：

$$\forall\delta>0\quad \exists\partial>0,\ \exists k\quad \forall I : |I|=k$$
$$\forall x_1,\ x_2\in X',\ \ \forall y_1\in S^I(x_1),\ y_2\in S^I(x_2)$$

$$\|x_1-x_2\|\leqq\partial \quad\Rightarrow\quad \|y_1-y_2\|\leqq\delta$$

$\forall I \quad v^{p'}(S^I(x))$ は X' 上 0 次連続

$$\forall x\in X' \quad v^{p'}(S^I(x))=\sum_i v^{p'}(S^{Ii}(x))$$

$$\forall r>0 \quad U(r,\ S^I(x))=\bigcup_i U(r,\ S^{Ii}(x)).$$

ここに $|I|$ は番号列 I の長さ，Ii は I の末尾に i を付け加えた列を表す．また I が空列のとき S^I は S を表すものとする．特に $X'=X$ のときは「X' における」を省略する．以下，変動細分系では番号を列の末尾に付け加えていって得られるものを元来のものの**細胞**といい，どちらも他方の細胞でないものは**独立**であるという．

〔註〕

ここでは形式的取り扱いの都合から，細分化する個数は毎回 2 つずつになっている．しかし実行上は有限個なら何でもよいし，その個数がステップごとに異なっていても差し支えない．それどころか番号列が多重であってもよい．以下では番号列の扱いについてはこのように鷹揚に対処する．

例

$X=\{0\}$ とし，Y を次のように定め $S=\{0\}\times Y$，$p'=1$ とする：

$$Y=\{(y_1,\ y_2)\,|\,y_1=(-2)^{-n},\ y_2=\sin n,\ n \text{ は自然数}\}.$$

このとき S を $y_1=0$ で切った細胞は X 上で変動細分系の条件を満たさない（$\sin n$ が［-1，1］の中で稠密であることに注意）．

《命題》

$\mathbb{S}=\{S^I\subset S : I$ は番号 0，1 の有限列$\}$ を有界集合 S の変動細分系とする．このとき X の部分集合 X' に対して次のように定めると $\mathbb{S}_{X'}=\{S_{X'}{}^I : S\in\mathbb{S},$ I は番号 0，1 の有限列$\}$ は $S\cap(X'\times Y)$ の変動細分系となる：

$$\forall I \quad S_{X'}{}^I=S^I\cap(X'\times Y)$$

これを $\mathbb{S}$ の X' への**制限**という．さらに $\mathbb{T}=\{T^J\subset T:J$ は番号0，1の有限列$\}$を有界集合 T の変動細分系とする．このとき次のように定めると $\mathbb{S}\times\mathbb{T}=\{S^I\times T^I\subset S\times T:I,\ J$ は番号0，1の有限列$\}$は $S\times T$ の変動細分系となる．これを $\mathbb{S}$ と $\mathbb{T}$ の**直積**という．

問　$p'=n'$ とし S が与えられたとき，X 上で変動細分系が存在するとすれば Y に関して座標（超）平面による分割を進めていくことで得られることを示せ．

変動細分系において番号列の長さが増大するにつれて各細胞は x 断面の差し渡しが0に近づいていくが，$p'\neq n'$ のときは p' 次元の広さが0に近づいていくとは限らない．ところで多くの場合，座標平面による分割は X 上で変動細分系を与えるが，そのケースでもこの事情は変わらない．

7-3　細分系とその積分への適用

変動細分系の議論において X が1点からなり，S の断面が Y のときは**細分系**という．このときは便宜上 S を Y と同一視する．まずはいくつかの例でその様子を調べてみよう．

例

$X=\Xi,\ p=\dfrac{1}{2}$ のとき，X を座標に沿って分割することで細分系が得られるが，Ξ と同じ広さをもつ細胞が常に残る．

積分の細分化原理　k を自然数，X を $\boldsymbol{R}^n$ の有界部分集合，f を X 上の非負値0次連続関数とする．今 X が p 次元の広さをもち細分系 $\mathbb{X}$ が与えられているとする．このとき次の関係が成り立つ：

$$\int_S fd\boldsymbol{x}=\sum_I\int^I fd\boldsymbol{x}.$$

ここに和 $\sum_I$ は長さ k の番号列すべてをわたり，$\int^I$ は X^I 上の積分とする.

証明

$\int_S f d\boldsymbol{x} \leqq \sum_I \int^I f d\boldsymbol{x}$は明白なので省略する. Mをfの上界の一つとする. このとき

$$\begin{aligned}
&\int_S f d\boldsymbol{x} + Mv^p(S)\\
&= \int_S f d\boldsymbol{x} + \sum_I Mv^p(S^I)\\
&= \int_S f d\boldsymbol{x} + \sum_I \int^I M d\boldsymbol{x}\\
&= \int_S f d\boldsymbol{x} + \sum_I \int^I f d\boldsymbol{x} + \sum_I \int^I (M-f) d\boldsymbol{x}\\
&\geqq \int_S f d\boldsymbol{x} + \sum_I \int^I f d\boldsymbol{x} + \int_S (M-f) d\boldsymbol{x}\\
&= \sum_I \int^I f d\boldsymbol{x} + \int_S M d\boldsymbol{x}\\
&= \sum_I \int^I f d\boldsymbol{x} + Mv^p(S)
\end{aligned}$$

となり$\int_S f d\boldsymbol{x} \geqq \sum_I \int^I f d\boldsymbol{x}$を得, $\int_S f d\boldsymbol{x} = \sum_I \int^I f d\boldsymbol{x}$が結論される. ■

これまでに部分や直積が「変動細分系」を保存することを確認したが, 0次連続関数のグラフもまたこれを保存する. その根幹部分をなすのが次の定理である. 以下の3節ではX, Y, p', $X \times Y$の部分集合SおよびSのXにおける変動細分系$\mathbb{S} = \{S^I : I$は番号0, 1の有限列$\}$を固定する.

積分の連続性定理　このときS上の非負値0次連続関数fのY方向のp'次元の積分値はX上で0次連続である.

証明

与えられた正数εに対して正数δをうまく定めることにより, $S^I(x)$上

の積分値と $S^I(x')$ 上のものの差が ε 以内になるようにしたい．まず V を $S(x)$ の p' 次元の広さ $v^{p'}(S(x))$ の上界とし，$\varepsilon_1=\dfrac{\varepsilon}{4V}$ と定める．さらに f 値の差が ε_1 以下になるように δ_1 を定め，$\dfrac{\delta_1}{2}$ に対する変動細分系の第1条件をみたす k と ∂ を選ぶ．また M を f の S 上の上界とし，$\varepsilon_2=2^{-k-3}\dfrac{\varepsilon}{M}$ と定めて $v^{p'}(S^I(x))$ 値の差が ε_2 以下になる δ_2 を選ぶ．ここで $\delta=\min\left\{\partial,\ \dfrac{\delta_1}{2},\ \delta_2\right\}$ と定めると $\|x-x'\|\leqq\delta$ をみたす x，x' に対して次の不等式が成り立つ：

$$
\begin{aligned}
&\int f(x',\ y')dy'=\sum\nolimits_I\int^I f(x',\ y')dy'\\
&\leqq\sum\nolimits_I(f(x',\ y'^I)+\varepsilon_1)v^{p'}(S^I(x'))\\
&\leqq\sum\nolimits_I(f(x,\ y^I)+2\varepsilon_1)(v^{p'}(S^I(x))+\varepsilon_2)\\
&=\sum\nolimits_I(f(x,\ y^I)+2\varepsilon_1)v^{p'}(S^I(x))\\
&\quad+\sum\nolimits_I(f(x,\ y^I)+2\varepsilon_1)\varepsilon_2\\
&\leqq\sum\nolimits_I(f(x,\ y^I)-\varepsilon_1)v^{p'}(S^I(x))\\
&\quad+\sum\nolimits_I 3\varepsilon_1 v^{p'}(S^I(x))+\sum\nolimits_I(M+2\varepsilon_1)\varepsilon_2\\
&\leqq\sum\nolimits_I\int^I f(x,\ y)dy+3\varepsilon_1 V+2^{k+1}M\varepsilon_2\\
&=\int f(x,\ y)dy+3\varepsilon_1 V+2^{k+1}M\varepsilon_2.
\end{aligned}
$$

その結果，$\int f(x',\ y')dy'\leqq\int f(x,\ y)dy+\varepsilon$ を得る．ここに $\int^I *dy'$，$\int^I *dy$ はそれぞれ $S^I(x')$，$S^I(x)$ 上の積分を表す．■

系　定理の前提のもと，f のグラフには X 方向のみならず関数値軸においても座標方向に等分することによって $Y\times[0,\ M]$ に関して X における変動細分系が導入される．

7-4 累次積分

すでに「Yに関する変動細分系」なる概念を導入したが，この節ではこれを土台にして累次積分，すなわち集合の広さを断面の広さの積分で求めることについて考察する．次に挙げる第1の例ではそれがうまくいくが第2の例ではうまくいかない．

例

$[0,\ 1]=Y$，$p'=1$とする．ここで$[0,\ 1]$の部分集合X上で関数$y=x$を考える．

例

$X=Y=[0,\ 1]$，$p'=0$とし，Sを次の式で与える：

$$S=\{(x,\ y)\in X\times Y|x=y\}.$$

このとき，Sを$y-x$が一定となる直線で分割していくことでXにおける変動細分系が得られる．しかしこの集合上で定数関数1を積分すると，累次積分とは異なる値を示す．ただ，この例ではSの広さは断面の広さを積分した値より大きい．この現象はもっと異常な例でも見られる：

例

$X=Y=(\boldsymbol{Q}+2^{\frac{1}{2}}\boldsymbol{Q})\cap[0,\ 1]$とし，

$$S=\{(x,\ y)\in X\times Y\,|\,x=p+2^{\frac{1}{2}}q,\ y=p-2^{\frac{1}{2}}q,\ \text{ただし}\ p,\ q\ \text{は有理数}\}$$

とおく．このときSは$X\times Y$の中で稠密であり，その広さは1である．一方SのX-断面はたかだか1点であってそのX上の積分は0となる．すなわち$p'=n'$であってもSの断面のp'次元の広さの情報だけでSの2次元の広さを論じることはできない．

以下本節では X の p 次元の細分系 $\mathbb{X}$ が与えられていて，かつ Y は p' 次元の広さが有限であるものとする．このとき $\mathbb{S}$ が $\mathbb{X}$ 上で**重層的**であるとは，番号 0，1 の任意の有限列 I，J に対して $v^{p+p'}(S^{I,J})$ が $v^{p'}(S^J(x))$ の X^I 上 p 次元の積分に一致することをいう．ここに $S^{I,J}=S^J\cap(X^I\times Y)$ とする．また，このとき $\{S^{I,J}|I, J$ は番号 0，1 の有限列$\}$ は S の細分系を与える．また細分系自体は $\{0\}$ における $\{0\}\times X$ の重層的な変動細分系を与える．

《命題》

X_1 における変動細分系 $\mathbb{S}_1$ および X_2 における変動細分系 $\mathbb{S}_2$ がそれぞれ，$\mathbb{X}_1$ 上，$\mathbb{X}_2$ 上で重層的であれば，$\mathbb{S}_1\times\mathbb{S}_2$ は $\mathbb{X}_1\times\mathbb{X}_2$ 上で重層的である．

この命題の証明は容易であり略する．

累次積分定理　$\mathbb{S}$ が重層的であり f が S 上で 0 次連続であるとする．このとき次の等式が成り立つ：

$$\int_S f(x,\ y)d(\boldsymbol{x},\ \boldsymbol{y})=\int_X\int_{S(x)} f(\boldsymbol{x},\ \boldsymbol{y})d\boldsymbol{y}d\boldsymbol{x}.$$

証明

正数 ε が与えられたとする．そこで整数 k を十分大きくとり，長さ k の任意の番号列 I，J に対して各 $S^{I,J}$ において $f(x,\ y)\leqq M^{I,J}\leqq f(x,\ y)+\varepsilon$ となる数 $M^{I,J}$ が存在するようにする．このとき

$$\begin{aligned}
&\int_S f(x,\ y)d(\boldsymbol{x},\ \boldsymbol{y})\\
&=\sum_{I,J}\int^{I,J} f(x,\ y)d(\boldsymbol{x},\ \boldsymbol{y})\\
&\leqq\sum_{I,J}\int^{I,J} M^{I,J}d(\boldsymbol{x},\ \boldsymbol{y})\\
&=\sum_{I,J} M^{I,J}v^{p+p'}(S^{I,J})\\
&=\sum_{I,J}\int^I\int^J M^{I,J}d\boldsymbol{y}d\boldsymbol{x}
\end{aligned}$$

$$\leqq \sum_{I,J} \int^{I} \int^{J} (f(x, y)+\varepsilon) d\boldsymbol{y} d\boldsymbol{x}$$
$$= \sum_{I,J} \int^{I} \int^{J} f(x, y) d\boldsymbol{y} d\boldsymbol{x} + \sum_{I,J} \int^{I} \int^{J} \varepsilon d\boldsymbol{y} d\boldsymbol{x}$$
$$= \int_{X} \int_{S(\boldsymbol{x})} f(\boldsymbol{x}, \boldsymbol{y}) d\boldsymbol{y} d\boldsymbol{x} + \varepsilon v^{p+p'}(S).$$

を得る．ここに $\sum$ は I, J すべてをわたり，$\int$ におけるものは積分範囲を制限する区画を表す．この不等式が任意の正数 ε に対して成り立つので

$$\int_{S} f(x, y) d(\boldsymbol{x}, \boldsymbol{y}) \leqq \int_{X} \int_{S(\boldsymbol{x})} f(\boldsymbol{x}, \boldsymbol{y}) d\boldsymbol{y} d\boldsymbol{x}$$

である．逆向きの不等式も同様に得られるので所期の結論を得る． ■

7-5 断面定理

断面定理　$\mathbb{S}$ が次の性質をみたしているとする．このとき $\mathbb{S}$ は $\mathbb{X}$ 上で重層的である．

$$\forall T \in \mathbb{S} \quad \forall \varepsilon > 0 \quad \exists k$$
$$\forall I : |I| = k \quad \exists Y_{\pm}^{I} \subset Y, \quad \exists b_{\pm}^{I}$$
$$X^{I} \times Y_{-}^{I} \subset T \cap (X^{I} \times Y) \subset X^{I} \times Y_{+}^{I},$$
$$v^{p'}(Y_{+}^{I}) \leqq b_{+}^{I}, \quad v^{p'}(Y_{-}^{I}) \geqq b_{-}^{I}, \quad b_{+}^{I} - b_{-}^{I} \leqq \varepsilon.$$

〔註〕

ここに現れた $v^{p}(X^{I})$ は確定した実数を示すが，$v^{p'}(Y_{\pm}^{I})$ については広さが確定していなくてもよい．

証明

$T \in \mathbb{S}$ および正数 ε が与えられたとする．ここで条件における ε の代わりに $\dfrac{\varepsilon}{3v^{p}(X)}$ とおいて k を選び，また Y の p' 次元の広さの上界 B をとって $\varepsilon' = \dfrac{c_{q+q'}\varepsilon}{6c_{q}c_{q'} \cdot B}$ とおく．そこで正数 r_0 を適切にとることにより，それよ

りも小さい正数rに対しては

$$\sum_I v^p(r,\ X^I)-v^p(r,\ X)\leqq\varepsilon'$$

となるようにしておく．そこでまず$U(r,\ T)$の広さを下から評価したい．そのため$v(U(r,\ Y))\leqq c_{q'}r^{q'}2B$となるように$r$の範囲として$r_0$よりさらに小さい数を上界に設定すると，(5-1) 糊代定理により

$$\begin{aligned}&\sum_I v(U(r,\ X^I\times Y_-{}^I))-v(U(r,\ \cup(X^I\times Y_-{}^I))\\&\leqq\sum_I(v(U(r,\ X^I)\times U(r,\ Y))-v(\cup(U(r,\ X^I)\times U(r,\ Y)))\\&=\left(\sum_I v(U(r,\ X^I))-v(U(r,\ X)))\cdot v(U(r,\ Y)\right)\\&\leqq c_q r^q\varepsilon'\cdot c_{q'}r^{q'}2B\end{aligned}$$

となる．このことから次の式を得る：

$$\begin{aligned}&v(U(r,\ T))\\&\geqq v(U(r,\ \cup(X^I\times Y_-{}^I))\\&\geqq\sum_I v(U(r,\ X^I\times Y_-{}^I))-2c_qc_{q'}r^{q+q'}B\varepsilon'\\&\geqq c_{q+q'}r^{q+q'}\sum_I(v^p(X^I)b_-{}^I-\varepsilon'')-2c_qc_{q'}r^{q+q'}B\varepsilon'.\end{aligned}$$

ここに$\varepsilon''=\dfrac{\varepsilon}{2^{k+1}}$とする．さらに次の式が成り立つように$r$の範囲を制限しておくものとする．

$$\begin{aligned}&\sum_I v(U(r,\ X^I\times Y_+{}^I))\\&\geqq c_{q+q'}r^{q+q'}\sum_I(v^p(X^I)b_-{}^I-\varepsilon'')\end{aligned}$$

一方で関数$v^p(S(x))$のグラフΓに対しても上から評価すると

$$\begin{aligned}&v(U(r,\ \Gamma))\\&\leqq\sum_I v(U(r,\ X^I\times[0,\ b_+{}^I]))\\&\leqq c_{q+1}r^{q+1}\sum_I(v^p(X^I)b_+{}^I+\varepsilon'')\end{aligned}$$

が得られる．ここでも r の範囲はさらに制限を受ける．ここで $b_+{}^I - b_-{}^I$ の最大値を b とおき両者を合体して次の式を得る：

$$\begin{aligned} & v^{p+1}(U(r,\ \Gamma)) - v^{p+p'}(U(r,\ T)) \\ & \leqq \sum\nolimits_I (v^p(X^I)(b_+{}^I - b_-{}^I) + 2\varepsilon'') + 2c_q c_q \cdot \frac{B\varepsilon'}{c_{q+q'}} \\ & \leqq 2c_q c_q \cdot \frac{B\varepsilon'}{c_{q+q'}} + 2^{k+1}\varepsilon'' + \frac{\varepsilon}{3} = \varepsilon. \end{aligned}$$

これがすべての正数 ε に対して成り立つことから次の式を得る：

$$v^{p+1}(r',\ \Gamma) \leqq v^{p+p'}(r,\ T).$$

同様の考察により逆の不等式も成り立つことから，所期の結論を得る．■

系 X 上の 0 次連続関数のグラフに対して得られる変動細分系は $\mathbb{X}$ 上で重層的である．

7-6 高次平均変化率の積分表示と評価

高次平均変化率の積分表示定理 f を擬区間 I 上の U^m 級関数とする．また $\boldsymbol{c} = (c_0,\ c_1,\ \cdots,\ c_m)$ を I^m の点とする．このとき，高次平均変化率 $f^{[m]}(\boldsymbol{c})$ は次の等式をみたす：

$$f^{[m]}(\boldsymbol{c}) = \int f^{(m)}\left(c_0 + \sum (c_k - c_0) s_k\right) d\boldsymbol{s}.$$

この積分は $0 \leqq s_k (k=1,\ 2,\ \cdots,\ m)$，$\sigma_m = 1 - \sum s_k \geqq 0$ の範囲 $\varDelta_m$ をわたるものとする．

証明

まず $\boldsymbol{c}$ の成分の値がどの 2 つも異なるケースから考えよう．このケースは帰納法で証明する．まず $m=0$ のときは明白である．そこで $m(>0)$ より小さいところでは成立していると仮定しよう．さて問題は I が区間である場合に帰着される．もしそうでないときは f を m 次折れ線近似拡張することにより I を含む区間上で所期の関係にいくらでも肉薄する近似式を導くことができ，その結果この等式が得られるからである．

このとき $c^t=(1-t)c_0+tc_m$ とおくと，帰納法の仮定と（7-4）累次積分定理により次の関係を得る：

$$
\begin{aligned}
&f^{[m]}(c_0,\ c_1,\ \cdots,\ c_m)\\
&=\frac{[f^{[m-1]}(c^t,\ c_1,\ \cdots,\ c_{m-2},\ c_{m-1})]_{t=0}^{t=1}}{(c_m-c_0)}\\
&=\int_{t=0}^{t=1}\sigma_{m-1}f^{[m]}(c^t,\ c_1,\ \cdots,\ c_{m-2},\ c_{m-1})dt\\
&=\int\sigma_{m-1}f^{(m)}((c^t+\sum(c_k-c^t)s_k)d(t,\ \boldsymbol{s})
\end{aligned}
$$

ただし最後の式における積分は $[0,\ 1]\times\varDelta_{m-1}$ をわたるものとする．さらにこれを広義積分（次章）と解釈し，変数変換して

$$
\begin{aligned}
&=\int\sigma_{m-1}f^{(m)}((c^t+\sum(c_k-c^t)s_k)d(t,\ \boldsymbol{s})\\
&=\int\sigma_{m-1}f^{(m)}(c_0+\sum(c_k-c_0)s_k+(c_m-c_0)\sigma_{m-1}t)d(t,\ \boldsymbol{s})\\
&=\int f^{(m)}(c_0+\sum(c_k-c_0)s_k+(c_m-c_0)s_m)d\boldsymbol{s}
\end{aligned}
$$

を得る．したがって $f^{[m]}$ は I^m の点のうち座標値がすべて異なるもののなす集合 $\varDelta$ 上で0次連続である．

さて $c_0,\ c_1,\ \cdots,\ c_m$ に重複があるときは $\{0,\ 1,\ \cdots,\ m\}$ を「同じ座標値をとる番号の集団」に分割したものを $\boldsymbol{D}$ とし，それぞれの集団を $\boldsymbol{d}$ と表す．ここで $\boldsymbol{d}$ ごとに次の関係で与えられる $\varDelta\cup\{\boldsymbol{c}\}$ 上の関数 $f_{\boldsymbol{d}}$ を定める：

$$
f_{\boldsymbol{d}}(\boldsymbol{y}\ ;\ x)=\frac{f(x)}{\prod_{i(\notin\boldsymbol{d})}(x-y_i)}.
$$

ここで各 y_i を c_i の，x を $c_{\boldsymbol{d}}$ の近傍に制約すれば0次連続なので $\varDelta\cup\{\boldsymbol{c}\}$ に

おいて 0 次連続である．ここに $c_{\boldsymbol{d}}$ は $\boldsymbol{d}$ の元 i に対する c_i を表す．すなわち点 $\boldsymbol{c}$ における $f^{[m]}$ の値を次の等式で与えると $\Delta \cup \{\boldsymbol{c}\}$ 上で 0 次連続である：

$$f^{[m]}(c_0,\ c_1,\ \cdots,\ c_m)$$
$$=\sum_{\boldsymbol{d}(\in \boldsymbol{D})} f_{\boldsymbol{d}}{}^{(|\boldsymbol{d}|-1)} \frac{(\boldsymbol{c}\ ;\ c_{\boldsymbol{d}})}{(|\boldsymbol{d}|-1)!}.$$

したがって境界値定理により $f^{[m]}$ は I^m 上で 0 次連続である．一方積分の断層化定理により $\int f^{(m)}(c_0+\sum(c_k-c_0)s_k)d\boldsymbol{s}$ は 0 次連続であるので，その値は $f^{[m]}(\boldsymbol{c})$ で与えられる． ■

系 1 （高次微分誤差の基本定理）m を自然数，f を有界擬区間 I 上の U^m 級関数とする．このとき $f^{(m)}$ の誤差関数 ϕ は $m!f^{[m]}$ の誤差関数であり，f は m 次連続である．

証明

距離 $\phi(t)$ 以内の 2 点（$x_0,\ x_1,\ \cdots,\ x_m$），（$y_0,\ y_1,\ \cdots,\ y_m$）における $f^{[m]}$ の値の差を上記定理により表示すると $\dfrac{\phi(t)}{m!}$ 以下となりこの結論を得る．

■

系 2（高次平均変化率の Lagrange 型評価定理） f を擬区間 I 上の m 次連続関数とする．また $c_0,\ c_1,\ \cdots,\ c_m$ を I の相異なる点とする．このときこれら $m+1$ 点の最小と最大の間の点 u，v で次の不等式をみたすものが存在する：

$$f^{(m)}(u) \leqq m!\,f^{[m]}(c_0,\ c_1,\ \cdots,\ c_m) \leqq f^{(m)}(v).$$

証明

定数 C を問題の範囲で $s_k(0<k\leqq m)$ に関して積分すると $\dfrac{C}{m!}$ になるの

で，積分の評価定理により所期の結論を得る． ■

系3（高次平均変化率の Cauchy 型評価定理）　f を擬区間 I 上の m 次連続関数とする．また a，b を I の相異なる点とする．この2点間の点 u，v で次の不等式をみたすものが存在する：

$$
\begin{aligned}
&f^{(m)}(u)(u-a)^{m-1}\\
&\leqq (m-1)!\,f^{[m]}(a,\ b,\ \cdots,\ b)(b-a)^{m-1}\\
&\leqq f^{(m)}(v)(v-a)^{m-1}.
\end{aligned}
$$

証明

$f^{[m]}(a+\sum x_i(b-a))$ の積分を一次変換し，$x=\sum x_i$ 以外の変数で先に積分しておいてから積分の評価により所期の結論を得る． ■

高次偏平均変化率の積分表示定理　f を S 上の n 変数関数，$\boldsymbol{m}$ を n-番号関数とする．また f は0次連続関数の範囲で $\boldsymbol{m}$ に沿って偏微分でき，その結果を $f^{(\boldsymbol{m})}$ とする．このとき，f の $\boldsymbol{m}$-偏平均変化率は次の式の $0\leqq s_{i,\ k}$，$\sum s_{i,\ k}\leqq 1(i=1,\ 2,\ \cdots,\ n\ ;\ k=1,\ 2,\ \cdots,\ m_i)$ における積分である：

$$
f^{(\boldsymbol{m})}(\cdots,\ x_{i,\ 0}+\sum s_{i,\ k}(x_{i,\ k}-x_{i,\ 0}),\ \cdots).
$$

証明

高次平均変化率の積分表示定理を n 個の変数に対して順次繰り返してこの結論を得る． ■

高次偏微分誤差の基本定理　f を S 上の関数，$\boldsymbol{m}$ を n-番号関数とする．また，f は0次連続関数の範囲で $\boldsymbol{m}$ に沿って偏微分でき，その結果を $f^{(\boldsymbol{m})}$ とする．このとき $f^{(\boldsymbol{m})}$ の誤差関数は f の $\boldsymbol{m}$-偏平均変化率 $f^{[\boldsymbol{m}]}$ の $\prod m_i!$ 倍の誤差関数である．

証明

距離 $\phi(t)$ 以内の 2 点における $f^{[\boldsymbol{m}]}$ の値の差を上記定理により表示すると $\dfrac{\phi(t)}{\prod m_i\,!}$ 以下であることが分かるのでこの結論を得る. ■

積分の評価定理　f を $\boldsymbol{R}^n$ の広さが正の有界部分集合 S 上の 0 次連続関数とし，A を f の S 上の積分値とする．このとき任意の正数 t に対して S の点 $\boldsymbol{u}$，$\boldsymbol{v}$ で次の不等式をみたすものが存在する：

$$f(\boldsymbol{u})-t\leqq\frac{A}{v(S)}\leqq f(\boldsymbol{v})+t.$$

特に S が何らかの矩体において稠密であるときは t を 0 にとれる (S について無条件にはできない).

証明

$g_t(\boldsymbol{x})=f(\boldsymbol{x})-\dfrac{A}{v(S)}-t$ とおくとき，もしある正数 t に対して g_t がいかなる $\boldsymbol{x}$ に対しても非負であれば S 上で積分した値から $tv(S)$ を減じた値は非負となるので，g_t が負となる $\boldsymbol{x}$ の値 $\boldsymbol{v}$ が少なくとも一つ存在する．同様に所期の $\boldsymbol{u}$ も存在する．

特に S が何らかの矩体において稠密であるとき，g_0 が S のいかなる点においても正値をとるならこの矩体内にある S の点 $\boldsymbol{a}$ の周りで g_0 の値は $\dfrac{g(\boldsymbol{a})}{2}$ 以上であるので g_0 の S 上の積分は正となって矛盾する．したがって g_0 は 0 以下の値をとる点をもち，同様に 0 以上の値をとる点をもつ. ■

第8章
広義積分

a を左端 b を右端にもつ擬区間 I を考える．F は I 上の 0 次連続関数，f は $I\cap(a,\ b)$ 上の関数とする．$a<a'<b'<b$ をみたす任意の a'，b' に対して F が $I\cap[a',\ b']$ 上で f の原始関数であるとする．このとき，$F(b)-F(a)$ を f の I における**変格積分**（**異常積分**）という．通常はこれを「(1 変数の）広義積分」と称されているが，後述する「広義積分」の 1 変数版と紛らわしいので本書では敢えてこの慣習を排する（広義積分の定義される関数は基本的には正値関数であり，これが定義された正値関数の差に対してしか拡張定義されない）．

$n=1$ のときに特有の概念「変格積分（異常積分）」のことを「(1 変数の）広義積分」と称する慣習がある．しかし前述の通り，本書ではこれを採用しない．

8-1 広義の広さおよびその直積定理と極限定理

S を $\boldsymbol{R}^n$ の部分集合とし，正数 ρ に対して S の元のうち原点からの距離が $\dfrac{1}{\rho}$ 以下になるものの全体を $S|_\rho$ と表す．さて，いくつかの実数 V，a_i および $\boldsymbol{R}^n$ の部分集合 S_i が与えられたとしよう．今，次の条件をみたすことを $\sum_i a_i v^p(S_i)\leqq V$ と表記する：

$$\forall V'>V \quad \exists\rho>0 \quad \forall\rho_j>0$$
$$[\forall j \quad \rho_j\leqq\rho] \quad\Rightarrow\quad \sum_i a_i v^p(S_i|_{\rho_j})\leqq V'.$$

またこのことは，V より大きい任意の実数 V' に対して $\sum_i a_i v^p(S_i) \leqq V'$ であることと同値である．ところでこの表記ではさらにいくつかの項を移項したり，左右を逆転して ≧ で表記することも許容する．さて

$$\sum_i a_i v^p(S_i) \leqq V \quad \text{かつ} \quad \sum_i a_i v^p(Si) \geqq V$$

であるときは $\sum_i a_i v^p(S_i) = V$ と表す．この意味での ≦，≧ は加法的な「順序」の性質をみたす．しかしその表記における左辺・右辺が必ずしも実数を表すわけではない．さて $v^p(S) \leqq V$ のとき V を S の p 次元の**広義の外測値**，広義の外側値をもつとき p 次元の**広義の広さが有限**であるといい，$v^p(S) = V$ のときこの値を S の p 次元の**広義の広さ**という．ところで任意の正数 ρ に対して $S|_\rho$ の広さが上界 $V(\rho,\ S)$ をもつとき，S の広さは**相対的に有限**であるという．$p=n$ のときや広義の広さが有限のときは広さは相対的に有限である．

問 $\boldsymbol{R}^n$ の中で第 1 成分が 0 であるものの全体がなす集合は $n-1$ 次元の広さが相対的に有限であることを示せ．

問 V_i を正数，S_i を $\boldsymbol{R}^n$ の有限個の部分集合とし，i ごとに $v^p(S_i) \leqq V_i$ であるとする．ここで $S = \bigcup_i S_i$ とおくとき次を示せ：

$$v^p(S) \leqq \sum_i V_i.$$

直積の広義の広さの定理　V，V' を正数とし，S を $\boldsymbol{R}^n$ の，S' を $\boldsymbol{R}^{n'}$ の部分集合とする．今，$v^p(S) \leqq V$，$v^{p'}(S') \leqq V'$ とするとき次の不等式を得る：

$$v^{p+p'}(S \times S') \leqq V \cdot V'.$$

また $v^p(S) \geqq V$，$v^{p'}(S') \geqq V'$ のときは次の不等式を得る：

$$v^{p+p'}(S \times S') \geqq V \cdot V'.$$

この定理の証明は容易であり，省略する．

X を $\boldsymbol{R}^n$ の，Y を $\boldsymbol{R}^{n'}$ の部分集合，S を $X\times Y$ の部分集合とし，$\{S_k | k=1, 2, \cdots\}$ を S の有界部分集合からなる上昇列とする．また k ごとに，適切な正数 r をとることにより S_k の S における $2r$ 近傍が S_{k+1} に包含されるものとする．今この列が X の有界部分集合 X' に対して次の関係をみたすとき，この列は X' における S の**変動漸近列**であるという：

X' 上で $v^{p'}(S_j(x))$ は値が確定し，$\dfrac{1}{j}$ と x の組に関して 0 次連続

$\forall\varepsilon>0 \quad \forall\rho>0 \quad \exists k \quad \forall x\in X'$

$$v^{p'}(S(x)|_\rho)\leqq v^{p'}(S_k(x)|_\rho)+\varepsilon.$$

さて S_k の S における r-外部集合を $S_k{}^*$ と表すことにする．$S_k{}^*$ は S_k から距離が r 以上であり，S は $S_k{}^*$ と S_{k+1} で覆われる．このことから，ρ より大きい正数 ρ' に対して $v^{p'}(S(x)|_{\rho'})-v^{p'}(S_{k+1}(x)|_{\rho'})$ は $v^{p'}(S_k{}^*(x)|_{\rho'})$ 以下であり，$v^{p'}(S_k{}^*(x)|_\rho)$，$v^{p'}(S(x)|_\rho)-v^{p'}(S_k(x)|_\rho)$ を介して ε 以下であることが分かる．

ところで，特に $X'=X$ のときは「X' における」を省略する．また，さらに X が 1 点からなり，S の断面が Y のときは**漸近列**といい，便宜上 S を Y と同一視する．

例 1

まず［0, 1］の中央に開区間を置き，次の段階では残った空白区域におさまる開区間をそれぞれの中央に置く．この操作を繰り返すとき置いた区間を全部合併した集合 X の広さは 1 であり，置いていった区間の広さを集計した値の極限値 σ とは必ずしも一致しないというのが本書のスタンスである．それ故 X_i として第 i 段階までに出現した区間の両端 3^{-i} ずつを削って合併したものとすると，σ が 1 でない限り漸近列の最後の条件をみたさないが残りの条件はみたす．

広さ・積分と極限の交換に関してこの例は否定的である（「X_i が連結であれば」などという理由は 2 変数にすると無に帰する）．しかしこんな尋

常ならざる例よりも，通常行われていて「結果はたまたま合っている」多くの計算が百年来組織的に正当化されていないことを憂うべきであろう．こういう実質的な問題点をなおざりにして上記のごとき人為的な集合列の形式処理に執着する大義はあるまい．

$X''\subset X'\subset X$ のとき X' における S の変動漸近列は X'' における変動漸近列を誘導する．また $\{X_k|k=1,\ 2,\ \cdots\}$ を X の，$\{Y_k|k=1,\ 2,\ \cdots\}$ を Y の漸近列とするとき $\{X_k\times Y_k|k=1,\ 2,\ \cdots\}$ は $X\times Y$ の漸近列である．

広義の広さの極限定理　X を $\boldsymbol{R}^n$ の，Y を $\boldsymbol{R}^{n'}$ の部分集合，S を $X\times Y$ の部分集合とする．今 $\{S_k|k=1,\ 2,\ \cdots\}$ を S の漸近列とするとき $v^{p'}(S(x))$ は x に関して 0 次連続である．

陳述してしまうと，証明は当たり前すぎる．ところで広義の広さとして扱われるものとして次節で述べる「広義積分」がある．その意味でもこの定理の条件は過剰なように映るかも知れない．しかし旧来風にいえば $v^{p'}(S_j(x))$ の値の j ごとの 0 次連続（一様連続）性を仮定すれば，Dini の定理により $v^{p'}(S(x))$ の値の 0 次連続（一様連続）性と同値である．$v^{p'}(S_j(x))$ の値の j ごとの 0 次連続（一様連続）性は論理的にはこの定理の結論に対して必要条件ではない．しかし，この条件が否定された状況でこの結論を要求するのはかなり不自然であるといわざるを得ない．

ところで，この陳述自体では各 S_k の変動細分系について積極的に言及してはいないが，積分の連続性を実際に担保するにはその条件が浮上してくる．

8-2　広義積分とその基本定理

この節では主に広義積分について論じる．そのため，$\boldsymbol{R}^n$ の部分集合で p 次元の広さが相対的に有限なもの X と X の漸近列 $\{X_k|k=1,\ 2\cdots\}$ を固定する．このとき X 上の非負値関数 f のグラフ (f) の $p+1$ 次元の広義の広さを f の X 上の**広義積分**といい $\int_X f d\boldsymbol{x}$ と表す．

【定理】

f を X 上の非負値関数とする．今，f が k ごとに X_k 上の 0 次連続関数であり，f の X_k における積分が k に関して極限値 A をもつとする．このとき A は f の X 上の広義積分である．

証明

$\int_X f d\boldsymbol{x} \geqq A$ であることは容易にわかるので，$\int_X f d\boldsymbol{x} \leqq A$ であることを示そう．ε，ρ を正数とする．ここで X の漸近列条件における ε として $\varepsilon\rho$ をとり，同じ ρ に対して k，r，$X_k{}^*$ を選ぶと $X|_\rho \subset X_{k+1} \cup X_k{}^*$ より $[f](X)|_\rho \subset [f](X_{k+1}) \cup (X_k{}^* \times [0,\ \rho^{-1}])$ である．その結果

$$
\begin{aligned}
&v^{p+1}([f](X)|_\rho) \\
&\leqq v^{p+1}([f](X_{k+1})) + \frac{v^p(X|_\rho) - v^p(X_k|_\rho)}{\rho} \\
&= v^{p+1}([f](X_{k+1})) + \varepsilon
\end{aligned}
$$

となり，これが任意の正数 ε に対して成立することから所期の結論を得る．

■

広義積分の線型性定理　a，b を正数とする．また，f，g を X 上の非負値関数とし，k ごとに X_k 上で 0 次連続であるものとする．今 f，g が X 上で p 次元の広義積分値 A，B をもてば $af+bg$ は p 次元の積分値 $aA+bB$ をもつ．

この定理の条件をみたす f，g に対して $\int_X f d\boldsymbol{x} - \int_X g d\boldsymbol{x}$ のことを $f-g$ の広義積分といい $\int_X (f-g) d\boldsymbol{x}$ と表す．関数 h が与えられたときこの定理の条件をみたす f と g の差に表されるとき $f-g$ の広義積分は f，g の選び方によらず一通りに定まる．この条件をみたす関数 f，g と実数 a，b に対してもこの定理は拡張できる．この拡張まで込めた意味で証明は容易であり，省略する．

8-3　極限定理の広義積分への適用(1)

旧来の数学では広義積分についてのもっとも強力な手段がルベーグ積分であるとされている．ルベーグ積分はその定義を述べるためだけでも「集合論」の洗礼を経なければならないという，非常に複雑な存在である．そのためここでは本書で扱っている広義積分との相違点を述べるに止める．
まずは，ルベーグ積分では極限定理の守備範囲に収まるが本書ではそうならないものを挙げる．

例 2

［0, 1］上の関数列 $f_n(y)$ を次の式で定める：

$$f_n(y)=\begin{cases}1\cdots y\text{ が }n\text{ 以下の分子・分母の比で表されるとき}\\0\cdots\text{それ以外のとき}\end{cases}$$

この関数列は「各点収束」するので，変数値が有理数のとき値 1 でその他のとき値 0 をもつその「極限関数」の「積分」は 0 であると考える．これがルベーグ積分のスタンスであるが，本書では収束したとはみなさないので極限と積分の順序交換を保証すべき対象にはならない．

続く 2 つの節では逆に，ルベーグ積分が保証しない関数列を扱う．ここでは番号の代わりに連続的な変数 x を想定し，積分する y 方向と合わせて $[0,\ 1]\times(0,\ 1]$ から {特異点族} を除去した集合で定義された正値の関数を取り扱う．関数列らしい表し方をするには x として $\dfrac{1}{\log(n+1)}$ と極限値 0 などに制限しておけばよい．このように x のとる値がとびとびであっても，かなり密に集積していれば積分可能な優関数をもたなくなる．
以下，$x\to+0$ のときの極限を考える．

例 3

$$f(x,\ y)=\begin{cases}\dfrac{\phi(x)}{x^2+y^2}&\cdots\quad x\neq0\text{のとき}\\0&\cdots\quad x=0\text{のとき．}\end{cases}$$

極限の積分は 0 であるが，$\phi(x)=x$ の場合に原始関数値 $\left[\mathrm{Arctan}\left(\frac{y}{x}\right)\right]$ の差は $\frac{\pi}{2}$ に収束して 0 にならない．f の上界をすべての x に対して共通にとったとき積分値が無限になることが原因だというのがルベーグ積分に依拠した理由づけである．ところで $\phi(x)=-\frac{2x}{\log\left(\frac{x}{2}\right)}$ の場合に積分値は 0 に収束するが，共通上界は $f(y,\ y)$ 以上であり，その原始関数 $\left[-\log\left(-\log\left(\frac{y}{2}\right)\right)\right]$ の差は $y\to+0$ に伴って ∞ に発散する．

例 4

$$f(x,\ y)=|x-y|^{-\frac{2}{3}}.$$

広義積分値は見るからに収束する．

8-4　極限定理の広義積分への適用（2）

例 4 では平行移動で処理できるので物足りないという声もあろうから，もう少しパラメーターを増やしてみよう．

例 5

$$f(x,\ y)=\phi(x)\prod_{\text{有限個の } i}|y-k(i)x|^{a(i)}.$$

ここに ϕ は非負連続で $k(i)$ は i ごとに異なるものとし，$\forall i[k(i)\geqq 0 \ \Rightarrow\ a(i)>-1]$ を前提とする．結論から言うと広義積分値は $A=\sum a(i)>-1$ なら収束するが $A\leqq -1$ で $\phi(0)>0$ なら発散する．以下この関数に対する収束条件を概観してみよう．まず f の広義積分 $I(x)$ において $y=xt$ と変数変換する．さらに十分大きい値 K をとっておくと次の式を得る：

$$
\begin{aligned}
&I(x)\\
&=\phi(x)x^{A+1}\int_0^{\frac{1}{x}}\prod|t-k(i)|^{a(i)}dt\\
&=\phi(x)x^{A+1}\left(c(x)+\int_K^{\frac{1}{x}}t^A dt\right)\\
&=\begin{cases}\phi(x)\left(x^{A+1}d(x)+\dfrac{1}{A+1}\right) & \cdots \quad A\neq -1,\\ \phi(x)(d(x)-\log x)) & \cdots \quad A=-1.\end{cases}
\end{aligned}
$$

ここに $c(x)$ や $d(x)$ は 0 次連続関数であり，$A=-1$ 以外は $d(0)$ が正である．

〔註〕

$\int_0^{\infty}\prod|t-k(i)|^{a(i)}dt$ よりも小さい ε に対して，K が十分に大きければ

$$
\begin{aligned}
&\int_0^{\frac{1}{x}}\prod|t-k(i)|^{a(i)}dt-\int_K^{\frac{1}{x}}t^A dt\\
&=\int_0^{K}\prod|t-k(i)|^{a(i)}dt\\
&\quad -\int_K^{\frac{1}{x}}\left(\prod|t-k(i)|^{a(i)}dt-t^A\right)dt\\
&\geqq\int_0^{K}\prod|t-k(i)|^{a(i)}dt-\varepsilon
\end{aligned}
$$

からこれが正値をとることが分かる．

上記のことを踏まえると

(1)　$A>-1$ のとき

$$
I(x) \quad \to \quad \frac{\phi(0)}{A+1}=\int_0^1\phi(x)y^A dt,
$$

(2)　$A\leqq -1$ のとき

$\phi(0)>0$ であれば広義積分は $+\infty$ に発散し，

極限関数の広義積分も $+\infty$ である．

$\phi(0)=0$ であれば極限関数は0でありその広義積分も0である．ところで広義積分が0に収束するのは

$$\left.\begin{array}{l} A\neq -1 \text{ であれば } \phi(x)x^{A+1} \text{ が} \\ A=1 \text{ であれば } \phi(x)\log x \text{ が} \end{array}\right\} \text{ 0に収束するときに限られる．}$$

広義積分が0以外の値に収束するはずのときに，うっかりと極限値を0にする誤りがあり得る．0と非0を間違えるはずがないと思う人もいるかも知れないが，上で扱った関数はあくまで典型例である．もっと見えにくい形でこういう数理が紛れ込んでいるケースもある．

例 6

$$f(x,\ y)=\left(\frac{y+cx^{\alpha}}{y^2-yx}\right)^{\frac{2}{3}}.$$

この例では $\alpha>0$ のとき極限の広義積分は値3をとる．さらに $\alpha>\frac{1}{2}$ のとき広義積分と極限は交換でき，$\alpha<\frac{1}{2}$ のとき広義積分の極限は発散する．

ところで $\alpha=\frac{1}{2}$ のとき広義積分は収束するが，極限の広義積分とは差異が生じる．広義積分を上から評価するには分子 $(y+cx^{\alpha})^{\frac{2}{3}}$ を $y^{\frac{2}{3}}+(cx^{\alpha})^{\frac{2}{3}}$ に，下から評価するには $|y^{\frac{2}{3}}-(cx^{\alpha})^{\frac{2}{3}}|$ に置き換えればよい．その結果，上下の評価の差は分子を $2\min\{y^{\frac{2}{3}},\ (cx^{\alpha})^{\frac{2}{3}}\}$ に置き換えたものになるので，その（広義）積分は x に関する極限が0になることが分かる．その結果，$f(x,\ y)$ の広義積分の極限は極限の広義積分値3より $2c^{\frac{2}{3}}B\left(\frac{1}{3},\ \frac{1}{3}\right)$ だけ大きい．

ルベーグ積分が課した優関数条件から外れた列に対する計算は結果的に正しいものでも合理的根拠を欠いていたが，百年以上なおざりにされてき

たこれらの列はつい肩入れしたくさせる魔力がある．一方でルベーグ積分のみが正当化した列がどうも日常感覚を反映していないのは第1節末で述べた理由によるものであろう．

8-5 累次広義積分

広義積分のときも累次積分に関してはもう少し準備が必要である．本章の残りの部分では $\boldsymbol{R}^n$ の部分集合 X_∞ と $\boldsymbol{R}^{n'}$ の部分集合 Y が与えられていて，それぞれ p 次元，p' 次元の広さが相対的に有限であるとする．また X_∞ の漸近列 $\{X_i | i=1,\ 2,\ \cdots\}$ と $X_\infty \times Y$ の部分集合 S_∞ およびその部分集合からなる上昇列 $\{S_j | j=1,\ 2,\ \cdots\}$ が与えられているものとする．以下 $S_j \cap (X_i \times Y)$ を $S_j(X_i)$ と略記する．

漸近列の遺伝定理　∞ 以外の各 i に対しては $\{(S_\infty(X_i))_j S_j(X_i) | j=1,\ 2,\ \cdots\}$ が $S_\infty(X_i)$ の漸近列となっていて，E^2 上の 0 次連続関数 ϕ が ∞ 以外の i, j に対して $S_j(X_i)$ の $p+p'$ 次元の広さに一致しているものとする．このとき $\{S_j | j=1,\ 2,\ \cdots\}$ は S_∞ の漸近列である．

証明

以下，$A=\phi(0,\ 0)$ と表し，この値が S_∞ の $p+p'$ 次元の広義の広さであることを示したい．まず ∞ 以外の任意の i, j に対して S_∞ の広義の広さは $\phi(i^{-1},\ j^{-1})$ 以上であり，このことから A 以上である．

次に S_∞ の広義の広さが A 以下であることを示したい．まずは正数 ε と ρ が与えられたとしよう．そこで X_∞ の漸近列条件における ε の代わりに $\dfrac{\varepsilon}{V(\rho,\ Y)}$ とし，ρ のもとに $i\neq\infty$ を選んで $X_i{}^*$ を定める．同様に $S_\infty(X_{i+1})$ に対しては元来の ε, ρ のもとで $j\neq\infty$ を選んで $(S_\infty(X_i))_j{}^*$ を定める．その結果，次の式を得る：

$$S_\infty|_\rho \subset S_\infty(X_{i+1})|_\rho \cup (X_i{}^*|_\rho \times Y|_\rho)$$
$$S_\infty(X_{i+1})|_\rho \subset S_{j+1}(X_{i+1}) \cup (S_\infty(X_i))_j{}^*.$$

ところで $S_{j+1}(X_{i+1})$ の広さは A 以下であるから $S_\infty|_\rho$ の広さは $A+2\varepsilon$ 以下

である．これが任意の正数εとρに対して成立するのでS_∞の広義の広さはA以下であり，ひいてはAに等しい．■

累次広義積分定理　S上で非負の値をとる関数fが与えられており，fは∞以外のjに対してS_j上で0次連続であるものとする．またΞ^2上の0次連続関数$F\left(\frac{1}{i},\ \frac{1}{j}\right)$が与えられており，$\infty$以外の$i$，$j$に対しては$f$を$S_j(X_i)$に制限したときのグラフの広さとなり，$f$を$S_j(X_i)$上で$y$，$x$の順に積分した値に一致しているものとする．このときfのS上の広義積分はy，xの順に広義積分することによって得られる．

証明

上の定理により$F(0,\ 0)$はfのS上の広義積分である．一方で∞以外のiに対してfを$S_\infty(X_i)$上でyに関して広義積分，次いでxに関して積分した値が$F\left(\frac{1}{i},\ 0\right)$であり，$S_\infty$上で$y$に関して広義積分，次いで$x$に関して広義積分した値が$F(0,\ 0)$であることが（8-1）広義の広さの極限定理によりわかる．すなわちfのS上の広義積分はy，xの順に広義積分することによって得られる．■

〔註〕

この定理を実行するにはX_iやS_jの（変動）細分系の存在が望まれる．もちろん，これらは$p=n$，$p'=n'$のときは自動的に保証される．もっともルベーグ積分のときと違って，$n+n'$次元の広義積分が存在しても無条件に累次広義積分が可能であるとは保証されない．

例 7

$X=Y=\boldsymbol{R}^2$とする．また非負値関数$f(x)$，$g(y)$が与えられており，それぞれ任意の有界区間において0次連続であるものとする．ここで$h(x,\ y)=f(x)g(y)$，$X_i=\{(x,\ y)\mid -i\leqq x\leqq i\}$，$S_j=\{(x,\ y)\mid -j\leqq x\leqq j,\ -j\leqq y\leqq j\}$と定める．このとき$h$の$S_j(X_i)$上の積分は$f$，$g$の原始関数$F$，$G$を用いて，

$i \geqq j$ のときは $(F(j)-F(-j))(G(j)-G(-j))$，$i \leqq j$ のときは $(F(i)-F(-i))(G(j)-G(-j))$ と表される．さらに F，G の極限値 $F(\infty)$，$F(-\infty)$，$G(\infty)$，$G(-\infty)$ が与えられたとき，h の S 上の広義積分値は $(F(\infty)-F(-\infty))(G(\infty)-G(-\infty))$ である．

この例は広汎な計算に対して目立たないながらも重要な役目を果たしている．

例 8

a を正数とする．このとき $x^a y^{x-1}$ の $(0,\ 1]^2$ 上の広義積分に対して誰しもがやってみる次の楽天的な計算について検証してみよう：

$$
\begin{aligned}
&\int_{x=0}^{x=1}\int_{y=0}^{y=1} x^a y^{x-1} dydx \\
=&\int_{x=0}^{x=1} [x^{a-1}y^x]_{y=0}^{y=1} dx \\
=&\int_{x=0}^{x=1} x^{a-1} dx \\
=&[a^{-1}x^a]_{x=0}^{x=1} \\
=&a^{-1}.
\end{aligned}
$$

これを正当化するにはまず $X_i=\left\{x \,\middle|\, \frac{1}{i} \leqq x \leqq 1\right\}$，$S_j=\left\{グラフの点 \,\middle|\, \frac{1}{j} \leqq y\right\}$ とし，

$$
\begin{aligned}
&f_j(x)=x^{a-1}(1-y_j{}^x), \\
&F(i,\ j)=\int_{x=\frac{1}{i}}^{x=1} x^{a-1}(1-j^{-x})dx
\end{aligned}
$$

と定める．前者はいうまでもなく，後者でも x^{a-1} の積分は $\dfrac{(1-i-a)}{a}$ となるので所定区域において 0 次連続である．問題なのは $x^{a-1}j^{-x}$ の積分 $G(i,\ j)$ である．j を有界化したときの G の 0 次連続性は次の表示により保証される：

$$G(i,\ j)=\left[\frac{x^a j^{-x}}{a}\right]_{x=\frac{1}{i}}^{x=1}+\int_{x=\frac{1}{i}}^{x=1}\frac{\log j}{a}x^a j^{-x}dx.$$

そこで，あとは j を十分大きくとることで $G(i,\ j)$ を 0 にいくらでも一律に近くできるかどうかが問題になる．まず積分区間を区切り G を大きく見積もって

$$G(i,\ j)=\int_{x=\frac{1}{i}}^{x=1}x^{a-1}j^{-x}dx$$
$$\leqq\int_{x=0}^{x=k}x^{a-1}dx+j^{-k}\int_{x=k}^{x=1}x^{a-1}dx$$
$$\leqq\frac{(k^a+j^{-k})}{a}$$

とする．これが小さくなるためには k が小さく，$k\log j$ が大きいことが望まれる．それを実現するべく $k=\dfrac{\log\log j}{\log j}$ としておけば，j の増大に伴っていかようにでも小さくなることが分かる．

8-6　負値もとる関数の広義積分と変格積分

S 上の関数 f が非負値関数 f_1，f_2 の差 f_1-f_2 と表されていてそれぞれのグラフが広義の広さをもてば，その差を f の**広義積分**という．この値は f_1，f_2 の選び方に依存しない．

例 9

$$\int_{(0,\ 1]}\sin\log x dx=\int_{(0,\ 1]}1-(1-\sin\log x)dx$$
$$=\int_{(0,\ 1]}1dx-\int_{(-\infty,\ 0]}(1-\sin t)e^t dt$$
$$=1-\left[(2+\cos t-\sin t)\frac{e^t}{2}\right]_{t=-\infty}^{t=0}=-\frac{1}{2}$$

ところで負値も取る関数の「広義積分」として次のような記述がよく見られるが，本書で扱っている広義積分の条件はみたしていない．

例 10

$$\int_{-\infty}^{\infty} x^{-1} \sin x dx = \pi$$

これは「変格積分」など区別して呼ばれるべき別な概念である．すなわち，左辺は今までに述べた広義積分としては正当化されず，$(a,\ b)$ 上の積分の $a \to -\infty$，$b \to \infty$ としたときの極限値なのである．ところで，今扱った関数を 2 変数化した $f(x,\ y) = (xy)^{-1} \sin x \sin y$ は xy 平面上で「何らかの意味で積分する」ということが正当化されていない．まず，f は x 軸，y 軸に関して対称であり，その値の正負は各象限において市松模様をなす．ここで増大する定義域の列として，f が負値をとる区域を正値をとる区域より積極的に取り込んでいくと積分値は負の側に偏ることになる．「連結」，「単連結」のような制約をつけたところでこの不都合を解消することはできない．一方「長方形」，「凸」などの条件をつけると多変数関数としての変数変換公式との相性が悪くなるのである．

第 9 章 向き付きの広さと積分

9-1 単体の向きと非退化 PL 写像の被覆度

以下向き付きの積分を扱うに当たって斉 m 次元単体的複体 K とその構成員である各 m 単体に対して**向き** $+$, $-$ を考える．これは m 単体の全頂点 $m+1$ 個の順列で捉えられ，偶置換で写り合うものどうしは**同じ向き**，奇置換で写り合うものは**逆向き**とみなす．さて K のすべての m 単体に向きが与えられているとする．今，隣接（すなわち m 個の頂点を共有）する 2 つの m 次元単体に対してこれら m 頂点の位置を共有する順列の指定する向きが逆符号となるとき，この方法により K に向きがついたとみなす．K が向きをもつにはいかなる 3 つの単体も m 頂点を共有しないことが必要である．

また向き付けられた m 次元単体的複体 K の境界 ∂K の向きに関しては，それを構成する $m-1$ 次元単体 Δ の向きを次のように定める．まず Δ を境界面の一つとする m 単体 Δ' を考え，付け加えた頂点を末尾にして全頂点を並べる．このときの Δ' の向きに比して，末尾頂点を消去した Δ の向きが反対になるように定めるものとする．

例

$\boldsymbol{R}^m$ では m 次元単体の $m+1$ 頂点の順列 $\boldsymbol{a}_0$, …, $\boldsymbol{a}_m$ に対し**向き付き広さ**すなわち $m+1$ 項行ベクトル $(1,\ {}^t\boldsymbol{a}_i)$ を上から順に並べた行列の行列式が正になる順列をこの単体の**標準的な向き**と考える．

以下この章では m を自然数とし，向き付けられた m 次元単体的複体 K を固定する．ϕ を K から $\boldsymbol{R}^m$ への **PL 写像**すなわち区分的に 1 次式で与えられる 0 次連続写像とする．K の m 次元単体はその頂点列 $\boldsymbol{v}_0$, …, $\boldsymbol{v}_m$ に対してその ϕ による像の向きが元来の頂点列の向きと同符号・異符号・0 のいずれであるかにしたがって ϕ に関して**表向き・裏向き・退化的**であるという．いかなる m 次元単体も ϕ に関して退化的でないとき ϕ は**非退化**であるという．

さて，この節では非退化 PL 写像 ϕ を固定する．$\boldsymbol{x}$ を $\boldsymbol{R}^m$ の点であって K のいかなる m 次元単体に対してもその境界の ϕ による像から正の距離をもつものとする．K の単体でその ϕ による像に $\boldsymbol{x}$ が属するものを考える．これらのうち ϕ に関して表向きであるものの個数から裏向きであるものの個数を減じた値を $\boldsymbol{x}$ における ϕ の**被覆度**という．どれかの単体に対してその境界の像に属する点であっても ∂K の像に属さないものに対してはそのごく近くでは被覆度が一定しているのでその値を所定の点における被覆度と称する．

問 単体の境界の像が $m-1$ 次元のとき 2 つの m 次元単体の像が超平面 H 上に底面を共有しているとする．このとき点を H のどちらの側に外しても被覆度は同じであることを $m=1$，2，3 のときに確認せよ（与えられた単体は H を挟んでいるときと同じ側に位置するときがあることに注意せよ）．

問 K を細分しても被覆度が変わらないことを示せ．

《命題》

$\boldsymbol{R}^m$ の単体的複体 K の部分複体 K_1 と K_2 の共通部分が $m-1$ 次元以下であり，K から $\boldsymbol{R}^m$ への非退化 PL 写像 ϕ が与えられているものとする．このとき K_1，K_2 のいずれの境界の像でもない点における ϕ の被覆度は K_1，K_2 への制限の被覆度の和になる．

証明は略する．

<補題>

単体の内部，外部はそれぞれ（境界から距離をもった）折れ線により連結である．

証明

内部の2点は直接線分で結べばよい．外部の2点に対しては単体の重心に向かう線分が交わる境界単体を考える．重心からこの2つの境界単体の共通部分の点に向かう線分の延長方向に新しい点を取り，これを経由して2点を結べばよい（ちなみに内部と外部は結ぶことができない）． ■

境界 PL 写像の被覆度定理　K が単体で $\boldsymbol{R}^m$ に埋め込まれているとする．今，∂K をある超平面に正射影する写像が非退化であるとき，その被覆度は0である．

証明

射影された面の上の点 $\boldsymbol{x}$ が境界単体の点の像であるとする．このとき，$\boldsymbol{x}$ の逆像は K の内部から外部に向けてこの境界単体と交わっており，内部の側から反対方向に向かう途中でももう1回境界単体と交わっている．また，K の凸性よりそれ以上の境界単体と交わることはない．この2つの境界単体はもう1次元低い単体を共有しており，その頂点の次に残る2頂点を並べるとその2点 $\boldsymbol{u}$ と $\boldsymbol{v}$ の順番によって向き付き広さの符号が逆転する．

ところで $\boldsymbol{u}$ をもつ境界単体の射影の $m-1$ 次元向き付き広さに $\boldsymbol{u}$ から $\boldsymbol{v}$ に向かうベクトルの軸方向の座標値をかけると $\boldsymbol{uv}$ 順に並べたときの向き付き広さの m 倍が得られる．すなわち x における両単体の被覆度は異符号となり，K の被覆度は0である．

9-2　一般的な0次連続写像の被覆度

以下この節では K から $\boldsymbol{R}^m$ への0次連続写像 ϕ を固定しよう．

被覆度確定定理 dを正数，$\boldsymbol{x}$を$\boldsymbol{R}^m$の点であって$\phi(\partial K)$から距離d以上にあるものとする．ここでKをϕの誤差関数に$\dfrac{d}{8}$を代入した幅以下に細分したものをK'とし，K'の頂点のϕによる像を結ぶ非退化PL写像でϕを近似したものをϕ'とする．このとき$\boldsymbol{x}$はϕ'による$\partial K'$の像の点ではなく，そこにおける被覆度はK'，ϕ'の選び方に依存しない．

このときϕ'の被覆度をϕの**被覆度**という．

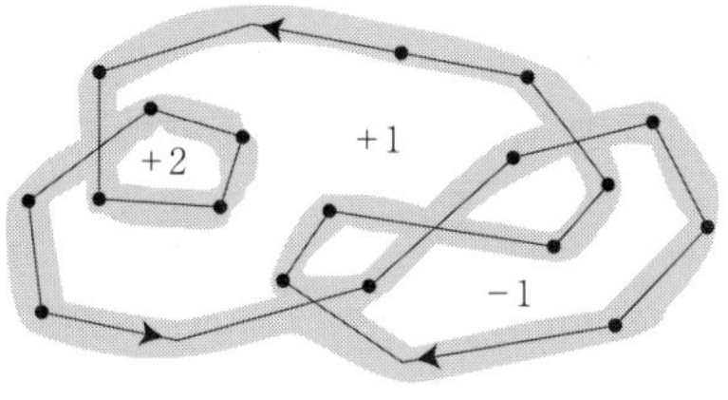

定理の証明

もう一つこのような近似ϕ''をもってきたとする．このときK'として共通細分にとれるので，便宜上さらにこれがKであると仮定してよい．ここで$I\times K$を次の要領で次元に関して帰納的に単体分割する．まずKが0次元のときはIの中点をとり，ここで分割したものとKとを直積する．$m-1$次元まで定義できているとき，$I\times\partial K$を低次元のときの方法で定義する．単体Δに対する$I\times\Delta$はその重心を境界の単体と結ぶことでm次元単体に分解する．

次に$I\times K$から$\boldsymbol{R}^m$へのPL写像Φを次の要領で定める．まず$\{0\}\times K$においてはϕ'，$\{1\}\times K$においてはϕ''の値を当てる．新たに生じた頂点においてはϕの値から誤差が$\dfrac{d}{8}$以下になり，なおかついかなる$m-1$単体もKへの射影が退化的でないように選ぶ．その結果Φの$\partial(I\times K)$への制限は被覆度が0である．したがってϕ''の被覆度からϕ'の被覆度を差し引いた値は$I\times\partial K$への制限の被覆度になることがわかる．

さて$I\times\partial K$を構成するm次元単体の頂点$(s,\ y)$，$(t,\ z)$のΦによる像

は距離が $\phi(y)$，$\phi(z)$ を介して $\dfrac{3d}{8}$ 以下になるので，この単体の点の Φ による像は頂点の像からの距離が $\dfrac{3d}{8}$ 以下となる．したがって ∂K の ϕ による像からの距離は $\dfrac{d}{2}$ 以下になることが分かる．

このことから Φ の $I\times\partial K$ への制限は x において被覆度が 0 であり，この制限は $\boldsymbol{x}$ における被覆度が 0 となって ϕ' と ϕ'' の被覆度は一致する．

■

境界写像の被覆度定理　K が単体で $\boldsymbol{R}^{m+1}$ に埋め込まれているとする．このとき ϕ に $\boldsymbol{R}^{m+1}$ から $\boldsymbol{R}^{m}$ への正射影を合成すると，その被覆度は 0 である．

証明

ϕ の近似を問題の合成写像が非退化になるようにとる．その結果，前節の境界 PL 写像の被覆度定理によりこの定理が保証される．■

例

区間 $I=[0,\ 1]$ 上の 0 次連続写像の被覆度は I の端点の像の間にある点においては $\phi(1)-\phi(0)$ の符号であり，外側にある点においては 0 である（I 上で非退化 PL ケースを検討せよ）．

被覆度の分離定理　d を正数とし，$\boldsymbol{R}^{m}$ 内の折れ線 L で $\phi(\partial K)$ の d 近傍と交わらないものが与えられているものとする．このとき L の両端 $\boldsymbol{x}$，$\boldsymbol{y}$ の被覆度は一致する，

証明

K の細分 K' と ϕ の区分的 1 次式近似 ϕ' をとり，$\phi'(\partial K')$ が $\phi(\partial K)$ の $\dfrac{d}{2}$ 近傍に収まるようにする．その結果 $\boldsymbol{x}$，$\boldsymbol{y}$ の ϕ に関する被覆度は $\boldsymbol{x}$，$\boldsymbol{y}$

の ϕ' に関する被覆度と一致するが，$\boldsymbol{x}$ のものと $\boldsymbol{y}$ のものは同一である．

9-3　0 次同相写像

1 変数の 0 次同相写像は擬区間上では狭義単調増加（減少）な 0 次連続関数として捉えられる．しかし多変数では「偏微分」の助けを借り，「局所的に」扱うのが常であった（第 4 章参照）．ここでは「定義域全域」を堅持して，あくまで 0 次連続性の範疇で論じる．それに当たっていくつかの例に慣れておこう．

例

a を 1 未満の正数とする．このとき $(a,\ 1)^2$ 上の写像 $(x,\ y)\to(x,\ xy)$ は 0 次同相写像である．$a=0$ のときは 0 次連続であるが 0 次同相ではない．

このように変数の一部を不変にする写像を**ファイバー写像**という．

例（直積）

$f,\ g$ を $[0,\ 1]$ 上の 0 次同相写像とし，$f(0)=g(0)=0,\ f(1)=g(1)=1$ とする．このとき $f\times g$ は $[0,\ 1]^2$ 上の 0 次同相写像であり，その像は $[0,\ 1]^2$ の稠密部分集合である．

例（1 次変換）

A を n 次正則行列とする．このとき K 上の写像 $\boldsymbol{x}\to A\boldsymbol{x}$ は 0 次同相である．

ところで正則行列が基本行列の積に分解できることに注目すると，1 次変換はファイバー変換の合成であることが分かる．

例（極座標）

α を π 未満の正数とする．このとき $(1,\ 2)\times(\alpha-\pi,\ \pi-\alpha)$ 上の写像 $(r,$

$\theta)\to(r\cos\theta,\ r\sin\theta)$ は0次同相写像である．

最後の例は一見すると上記のようなもので説明できないように見える．しかし α が $\frac{\pi}{2}$ を超えるときは次のようにファイバー写像の合成で表されることが分かる．

$$(r,\ \theta)\to(r\cos\theta,\ \theta)\to(r\cos\theta,\ \tan\theta)\to(r\cos\theta,\ r\sin\theta)$$

α が $\frac{\pi}{2}$ 以下のときには定義域を θ に関して「$-\alpha\leqq\theta\leqq\frac{\alpha}{2}$」，「$-\frac{\alpha}{2}\leqq\theta\leqq\alpha$」および「$-\alpha\leqq\theta\leqq-\frac{\alpha}{3}$ または $\frac{\alpha}{3}\leqq\theta\leqq\alpha$」の3つの部分で覆う．このときそれぞれにおいて $\frac{\pi}{2}$ を超えるときと同様の合成をもち，いかなる2点も3つの部分のどれか1つに属することが分かる．

旧来のように1：1の各点連続写像と捉えるなら $\alpha=0$ でも構わないことになるが，そのような等式発想による全域的処理はファイバー性に甘えているように見える．実際に次の例題では $f,\ g$ に「無限回微分可能」条件を付けたところで，その微係数が0になることを排除しない限り，等式感覚の処理では局所的解決さえ至難である．この例はもっと多変数にしても同様の結論が得られる．

<例題>

$f,\ g$ を $[0,\ 1]$ 上の0次同相写像とし，$f(0)=g(0)=0,\ f(1)=g(1)=1$ とする．このとき $u=x+y+f(x),\ v=x+y+g(y)$ に対して $(x,\ y)\to(u,\ v)$ は $[0,\ 1]^2$ 上の0次同相写像である．

▶解

$x,\ y,\ u,\ v$ の他 $f(x),\ g(y)$ の増分をそれぞれ $\Delta x,\ \Delta y,\ \Delta u,\ \Delta v$；$\Delta f,\ \Delta g$ と表すことにしよう．そのとき次のことを示したい：

$$\forall\delta>0\quad\exists\varepsilon>0$$

$$|\Delta u|\leqq\varepsilon,\ |\Delta v|\leqq\varepsilon \quad\Rightarrow\quad |\Delta x|\leqq\delta,\ |\Delta y|\leqq\delta.$$

まず f の0次同相性より

$$\forall\delta^*>0\quad\exists\varepsilon^*>0$$
$$|\Delta f|\leqq\varepsilon^* \quad\Rightarrow\quad |\Delta x|\leqq\delta^*$$
$$\forall\delta^*>0\quad\exists\varepsilon^*>0$$
$$|\Delta g|\leqq\varepsilon^* \quad\Rightarrow\quad |\Delta y|\leqq\delta^*$$

である．今，正数 δ が与えられた状況で $\delta^*=\dfrac{\delta}{2}$ と定め，これらを共にみたす ε^* を選んで，$\varepsilon=\min\left\{\dfrac{\varepsilon^*}{2},\ \delta^*\right\}$ とする．そこで不等式

$$-\varepsilon\leqq\Delta x+\Delta y+\Delta f\leqq\varepsilon \quad\cdots\cdots\ (1)$$
$$-\varepsilon\leqq\Delta x+\Delta y+\Delta g\leqq\varepsilon \quad\cdots\cdots\ (2)$$

を考えよう．このとき実数の性質より

$$\Delta x+\Delta y\geqq-\varepsilon \quad\cdots\cdots\ (*)$$
$$\text{または}\quad \Delta x+\Delta y\leqq\varepsilon$$

である．以下，前者のケースを検討する（後者のケースも同様の議論で同じ最終結論に至る）．

さて（$*$）を（1）に当てはめ $\Delta f\leqq 2\varepsilon\leqq\varepsilon^*$ を得るが，ここでさらに $\Delta f\leqq 0$ のケースと $\Delta f\geqq-\varepsilon^*$ のケースに分ける．前者では f の単調増加性により $\Delta x\leqq 0$ を得る．また後者では $|\Delta f|\leqq\varepsilon^*$ となるので $|\Delta x|\leqq\delta^*$ を得る．つまり両者に共通して $\Delta x\leqq\delta^*$ となるが，同様の議論で $\Delta y\leqq\delta^*$ を得る．この2つに（$*$）を連立させ所期の結論 $|\Delta x|\leqq 2\delta^*=\delta$，$|\Delta y|\leqq\delta$ を得る．0次連続性の遺伝はすでに保証済みである．

0次同相写像定理　K が n 次元単体，ϕ が $\boldsymbol{R}^n$ の部分集合 S 内への0次同相写像であるものとする．また $\phi(\partial K)$ から正の距離にある S の任意の2点に対しては，$\phi(\partial K)$ から正の距離にある折れ線により S 内で結べるもの

とする．このとき $\phi(K)$ は S において稠密である．

もし K の中心の像の被覆度が0でなければ，証明は（9-2）被覆度の分離定理より明白である．ところで0次同相性のもと，被覆度は「0でない」どころか「±1である」ことが分かる．すなわち像の近辺での0次連続写像は被覆度をもち，合成の被覆度は個々の写像の被覆度の積となる．このことから0次同相写像の被覆度は ±1でしかあり得ないのである．この論法は旧来「領域不変性定理」と呼ばれるものに該当する深遠な命題を用いているので次節に持ち越すことにする．

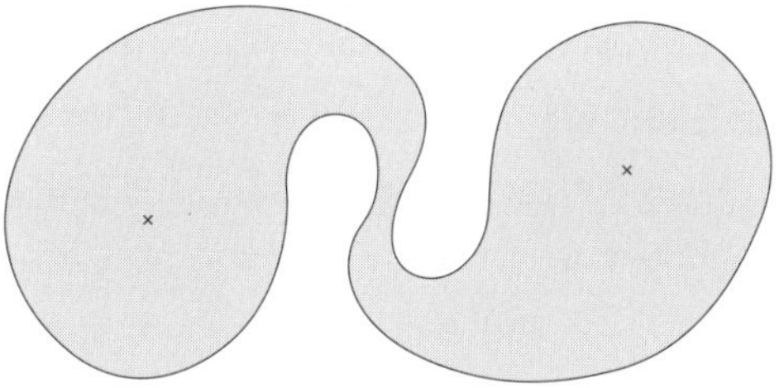

9-4　Brouwer の領域不変性定理

連続数学の微妙な部分を等式で扱うのは苦しい．ところで領域不変性や不動点定理などはトポロジーの命題として等式発想で捉えられているが，こういった話題でもまた等式発想は処理の複雑さに拍車をかけているように思われる．以下では許容誤差を定量化して領域不変定理を近似することにより，極限操作なしに PL の範疇で処理してみよう．

領域不変性定理　f を n 次元立方体 X から $\boldsymbol{R}^n$ の中への0次同相写像，すなわち次の性質をみたすものとする：

$$\forall\varepsilon>0 \quad \exists\delta>0 \quad \forall \boldsymbol{x},\ \boldsymbol{x}'$$
$$|\boldsymbol{x}-\boldsymbol{x}'|\leqq\delta \quad \Rightarrow \quad |f(\boldsymbol{x})-f(\boldsymbol{x}')|\leqq\varepsilon$$
$$\forall\delta^*>0 \quad \exists\varepsilon^*>0 \quad \forall \boldsymbol{x},\ \boldsymbol{x}'$$

$$|f(\boldsymbol{x})-f(\boldsymbol{x}')|\leqq\varepsilon^* \quad\Rightarrow\quad |\boldsymbol{x}-\boldsymbol{x}'|\leqq\delta^*.$$

このとき X の境界から正の距離 δ^* をもつ X の点 $\boldsymbol{x}_0$ の像 $f(\boldsymbol{x}_0)$ から ε^* 未満の距離にある点に対してはそのいかなる近傍にも f の像が存在する．

証明

$f(\boldsymbol{x}_0)$ の ε^* 近傍の内部に含まれる立方体 D_0 に対してそれが f の像と交わることを示したい．まず f の像を内包する立方体 Y をとり，Y から $\boldsymbol{R}^n$ の中への PL 写像 g として各単体の上で非退化かつ X の任意の点 $\boldsymbol{x}$ に対しても $\boldsymbol{x}$ から $g(f(\boldsymbol{x}))$ への距離が $\dfrac{\delta^*}{2}$ 以下になるものを構成する．

次に $f(\boldsymbol{x}_0)$ の ε^* 近傍の中で D_0 を内包し $f(\boldsymbol{x}_0)$ を中心とする 2 重の立方体をとって内側から順に D_1，D_2 とし，両者のはざまの部分では g の像から $\boldsymbol{x}_0$ までの距離が何らかの正の値 δ_0 以上であるようにする．また各 D_i の $f(\boldsymbol{x}_0)$ からの距離を d_i とする．

さらに Y から Y への PL 同相写像 ι を次のように定める．すなわち D_2 の外側では $\iota=id$，内側では，D_0 が D_1 に対応するように座標値を比例配分して構成する．さらに $\theta=g\circ\iota\circ f$ とし，$Y\times[0,\ 1]$ から $\boldsymbol{R}^n$ への 0 次連続写像 Φ を $\Phi(\boldsymbol{x},\ t)=t\theta(\boldsymbol{x})+(1-t)\boldsymbol{x}$ と定める．ここで $\boldsymbol{x}$ が ∂K に属するときは

$$|\Phi(\boldsymbol{x},\ t)-\boldsymbol{x}|=t|\theta(\boldsymbol{x})-\boldsymbol{x}|$$
$$\leqq|\theta(\boldsymbol{x})-\boldsymbol{x}|=|g(f(\boldsymbol{x}))-\boldsymbol{x}|$$

となる．ところで $|\boldsymbol{x}-\boldsymbol{x}_0|$ は δ^* 以上であるから $\Phi(\boldsymbol{x},\ t)$ は $\boldsymbol{x}_0$ から $\dfrac{\delta^*}{2}$ 以上離れている．したがって（9-2）境界写像の被覆度定理により，$\boldsymbol{x}_0$ における θ の被覆度は恒等写像 id のものすなわち 1 をとる．

そこで $\boldsymbol{x}_0$ の $\min\left\{\delta(d_2),\ \dfrac{\delta_0}{3}\right\}$ 近傍にある θ の像の点をとり，その逆像を 1 つ選んで $\boldsymbol{x}$ としよう．その結果 $|f(\boldsymbol{x})-f(\boldsymbol{x}_0)|\leqq d_2$ となり，$f(\boldsymbol{x})$ ひいては $\iota(f(\boldsymbol{x}))$ も D_2 に属する．ところで $|\iota(f(\boldsymbol{x}))-f(\boldsymbol{x}_0)|$ が $[d_1,\ d_2]$ のごく近傍に属しているとすると $|\theta(\boldsymbol{x})-\boldsymbol{x}_0|\geqq\dfrac{2\delta_0}{3}$ となり $\boldsymbol{x}$ のとり方に矛盾することに

なる．したがって $|\iota(f(\boldsymbol{x}))-f(\boldsymbol{x}_0)|\leqq d_1$ となり，$f(\boldsymbol{x})$ は D_0 に属することが分かる． ■

9-5　向き付き広さと向き付き積分

以下この節では $\boldsymbol{R}^n$ から $\boldsymbol{R}^m$ への絶対連続写像 π を固定し，$\pi\circ\phi$ を ϕ_π と略記する．そこで K を単体分割し ϕ を各単体に制限する．その結果 ϕ_π による境界の像の広さは0である．このとき ϕ_π の被覆度が正になる $\boldsymbol{R}^n$ の点がなす集合の広さを総和した値を考える．この値は分割を細分するにしたがって増加するが，分割に依存しない上界をもつ．その上限値を $|\phi_\pi{}^+|$ とする．同様に被覆度が負になる点の集合からも上限値が得られ，これを $|\phi_\pi{}^-|$ とする．このとき $|\phi_\pi{}^+|$ から $|\phi_\pi{}^-|$ を差し引いた値を ϕ の π 方向の**向き付き広さ**という．

参考

$K=[0,\ 1]^2$ で ϕ が次の写像で与えられるとき被覆度は有界ではないが（恒等写像に関する）向き付き広さは確定する：

$$\phi(x,\ y)=\begin{cases}(xy\cos\log x,\ \ xy\sin\log x) & \cdots\cdots x\neq 0 \text{ のとき}\\ (0,\ 0) & \cdots\cdots x=0 \text{ のとき}.\end{cases}$$

問題意識　$|\phi^+|$ は被覆度の正値をとる範囲での広義積分以下である．ところで広義積分以上でもあるだろうか？この問についての完全な解答は残念ながら得ていない．もちろん通常の設定ではこれらの値は一致する．

f を S 上の0次連続関数とする．このとき次の式で与えられる $K\times[0,\ 1]$ から $\boldsymbol{R}^{m+1}$ への写像 Φ を f の**向き ϕ に関するグラフ**という：

$$\Phi(\boldsymbol{v},\ t)=(\phi_\pi(\boldsymbol{v}),\ f(\phi(\boldsymbol{v}))t).$$

グラフの絶対連続性定理　0次連続関数 f の向き ϕ に関するグラフ Φ は単体的複体 $K\times[0,\ 1]$ から $\boldsymbol{R}^{m+1}$ への絶対連続写像である．

証明

$|f|$の上界の一つをMとする．任意の正数εに対して$K\times[0,\ 1]$の部分集合Sで広さが$\dfrac{\varepsilon}{4M}$以下のものをとるとそのΦによる像がε以下であることを示そう．

まずSを広さの総和が$\dfrac{\varepsilon}{3M}$以下になるように矩体で覆い，そのときのK方向の広さの総和をNとする．次に各矩体をK方向の成分に関して区切ってfの値の変動が$\dfrac{\varepsilon}{3N}$以下になるようにする．この細分化された各矩体R_iの集合体の像を矩体の集合体で覆ってみよう．このとき矩体の底面の広さをr_i，高さをh_iとするとR_iにおける$tf(x)$の差は

$$
\begin{aligned}
&|tf(x)-t'f(x')| \\
&\leqq |f(x)||t-t'|+t'|f(x)-f(x')| \\
&\leqq M|t-t'|+|f(x)-f(x')| \\
&\leqq Mh_i+\frac{\varepsilon}{3N}
\end{aligned}
$$

となる．そこで各R_iの像を広さ$r_i\left(Mh_i+\left(\dfrac{2\varepsilon}{(3N)}\right)\right)$の矩体で覆うことで$R_i$の集合体の像は広さの総和$\dfrac{M\varepsilon}{3M}+\dfrac{2N\varepsilon}{3N}=\varepsilon$以下の矩体で覆ったことになる． ■

$K\times[0,\ 1]$には，$K\times\{0\}$上の向きがKのと一致するように向きがつけられ，同様に$\boldsymbol{R}^{m+1}$（の有界部分）にも向きがつけられる．これらの向きに関するΦの$\pi\times id$方向の向き付き広さをfのϕに関するπ方向の**向き付き積分**といい，$\int_\phi fd\pi$と表記する．またπが座標方向への正射影であるときは座標変数$\boldsymbol{y}$を用いて$d\pi$の代わりに$d\boldsymbol{y}$と表す．

向き付き積分の線型性定理

$$\int_\phi (af+bg)d\pi = a\int_\phi fd\pi + b\int_\phi gd\pi.$$

ここに a, b は定数，f, g は 0 次連続関数とする．証明は略する．

変数変換定理　ψ を $\mathrm{Im}\,\phi$ から $\boldsymbol{R}^n$ への 1 次連続写像とし，J_ψ は正の下界をもつものとする．このとき

$$\int f(s)d(\psi\circ\phi) = \int f(s)J_\psi(\phi(s))d\phi.$$

証明は変数変換定理を広義積分に適用することによって得られる．

9-6　Stokes の定理

以下この節では S 上の 0 次連続関数 f を固定する．

Stokes の定理　ϕ は ∂K に制限しても $m-1$ 次元の絶対連続写像であるとする．また f を S 上で 1 次連続な関数とし，以下の両辺に出現する積分の基礎になる広さが確定しているものとする．このとき次の等式を得る：

$$\int_{\partial\phi} fd\boldsymbol{y} = \sum_i \int_\phi \frac{\partial f}{\partial x_i} d(x_i,\ \boldsymbol{y}).$$

ここに $\partial\phi$ は ϕ の ∂K への制限とし，i は $\boldsymbol{y}$ に出現しない変数の番号をわたるものとする．

通常いうところの Stokes の定理は $m=2$, $n=3$, Gauss の定理は $m=n=3$, Green の定理は $m=n=2$ のケースを指す．

問　ϕ が非退化 PL 写像，f が x のみの 1 次式で表されるときにこの定理を確認せよ．

Stokesの定理の証明

この定理はまずK自体が単体でfがxの1次式であるケースに帰着される．すなわちこれが保証されるときは任意の正数εに対してKを十分に細かく単体分割してm次元単体ごとにfと$\dfrac{\partial f}{\partial x_i}$を一斉に誤差$\dfrac{\varepsilon}{nB}$以下に近似すると，両辺の差を集計したものは$\varepsilon$以下になる．このことから，結局両辺は等しいことが分かる．ここにBはϕおよび$\partial\phi$の向きなし広さに共通の上界とする．

次に（9-5）向き付き積分の線型性定理によりfが個別のx_iの1次式であるケースに帰着する．このとき他のx_jはfにも被覆度にも影響しないため，はじめから$m=n$であると考えて差し支えない．以下$\boldsymbol{x}$，x_iなどはxと表記し$f(x,\ \boldsymbol{y})=ax+b$としよう．$a$が0のときは両辺ともに0となって明白であるから，簡単のため$a>0$と仮定しよう．

ここでKを重心から2倍に相似拡大した単体K'を作り，ϕの拡張ϕ'を次のように構成する．簡単のため重心は$\mathbf{0}$とし，ϕにx成分，$\boldsymbol{y}$成分への正射影を合成したものをそれぞれϕ^x，ϕ^yと表そう：

$$\phi'(r\boldsymbol{u})=\begin{cases}((2-r)\phi^x(\boldsymbol{u}),\ \phi^y(\boldsymbol{u})) & \cdots\cdots\ t\geqq 1\text{のとき}\\ \phi(r\boldsymbol{u}) & \cdots\cdots\ t\leqq 1\text{のとき}.\end{cases}$$

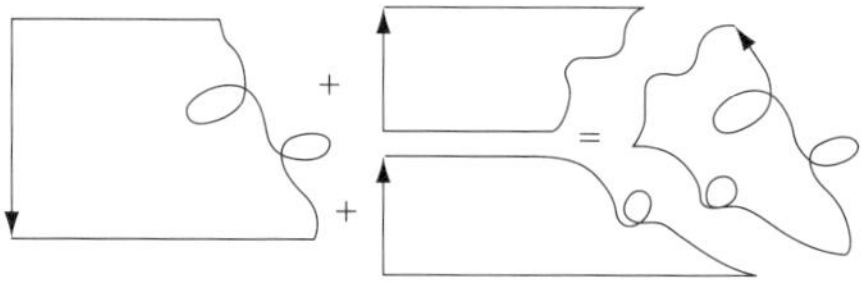

このときϕ'に対する定理の左辺は向き付き広さが0になることから値0をとる．右辺は$m+1$次元のある絶対連続写像の境界部分への制限を接合することによって$x=0$の部分への写像に変形される．その結果，前者は被覆度が0，後者は向き付き広さが0であることから値0をとり成立する．すなわち問題は次の式で与えられる$[1,\ 2]\times\varDelta$上の絶対連続写像ψの場合に帰着する：

$$\psi(r,\ \boldsymbol{u})=((2-r)\phi^x(\boldsymbol{u}),\ \phi^y(\boldsymbol{u})).$$

このケースを考えるには要求誤差 ε に対して f および ϕ の値の変動がそれぞれ $\dfrac{\varepsilon}{|\varDelta|}$, $\dfrac{\varepsilon}{B|\varDelta|}$ 以下におさまるように $\varDelta$ を単体分割する．ここに $|\varDelta|$ は $\varDelta$ の向きなし広さの上界，B は $\left|\dfrac{\partial f}{\partial x}\right|$ の上界とする．ここで各単体ごとに $\phi(\boldsymbol{u})$ を定点 $\boldsymbol{c}$ での値に置き換えると，加味される誤差の総和は ε 以下である．分割で生じた単体を改めて $\varDelta$ としよう．これで問題は ϕ が定数 $\phi(\boldsymbol{c})$ であるケースに帰着した．

さて，最後に残ったこのケースでは左辺の値は $\partial\phi$ の $\varDelta$ 部分の向き付き広さを $b-(a\phi^x(\boldsymbol{c})+b)$ 倍したものである．また右辺は ϕ の向き付き広さを $-a$ 倍したものとなり，定理の両辺の値は等しい．■

第∞章 実数論

実数とは何とも厄介な代物である.「有理数と無理数の総称」という説明は「実数」を知らないのに「無理数」を知っているという前提に立っており堂々巡りである.「有理数は整数と分数の総称」等々，総称方式の規定は必然的に苦しい. 規定すべきは個々の「＊数」ではなく「＊数」の体系なのである.「実数体系にはこれ以上付け加えることができない」という言明も要するに「＊数以外の＊数はない」に「＊ ＝ 実」を当て嵌めただけであり何の進展ももたらしていない.

こうやって達した最後の候補が「収束しそうに見える数列（Cauchy 列）の同値類」であった. この方式は「実数」というべったり感のある対象の存立基盤を「列」というさらさら感のあるものに求めている. ほとんどの人はこれで幕を引くが，少数の人は「同値類」という規定にいささかの引っかかりを感じている. ところで，もう一方の問題点「列とは何か」,「Cauchy の条件は如何に検証されているか」について省みられることはまずない.

現代数学の基幹部は難渋極まりない「証明」に立脚した定理が占めているが,「有界単調数列」に関するものはその代表である. 例えば「有界単調数列」は「収束」し,「収束数列」は「Cauchy 数列」であるという. これをつなぐと「**有界単調数列は Cauchy 列である**」…（＊）が必然的に帰結されることになる. まずは定義を述べねばなるまい.

単調増加数列…$\forall m,\ n\quad [m \leqq n \quad \Rightarrow \quad a_m \leqq a_n]$

収束…$\exists a \quad \forall \varepsilon > 0 \quad \exists N \quad \forall n \quad n \geqq N \quad \Rightarrow \quad |a_n - a| < \varepsilon$

Cauchy 列…$\forall \varepsilon > 0 \quad \exists N \quad \forall m,\ n \quad m \geqq N \leqq n \quad \Rightarrow \quad |a_m - a_n| < \varepsilon,$

収束数列がCauchy条件をみたすことを見るには「収束」条件における ε に「cauchy条件」における $\frac{\varepsilon}{2}$ を代入するまでのことである．しかし「有界単調数列」から「極限値」a を探し出す手段は人智を越えた列に頼っている．そんな「極限値」に執着する気があろうとなかろうと，厳密な数学を守る者は現代数学が結果的に帰結してしまうこの陳述（＊）に備えるためにもこの超人的な「列」の生成につきあう羽目に遭っている．

すなわち（＊）では旧来踏襲されてきた「証明」を正当化するために，陳述自体に記載されていない対象が超人的な操作により「構成」されている．そういった陳述は現実には表立って語られないが，結果的にでも演繹されてしまう事柄である以上は無批判に鵜呑みしていいということにはなるまい．

∞-1　実数の構成

ここで「構成的」な列とは何かという問題意識が生じる．これについて20世紀前半には少々制約的に自然数を変数とし自然数を値にとる形で論じられた（ここでは0も自然数とみなす）．その手法は何通りかあるが，できあがったものは互いに同値であると結論づけられている．そのことが「構成的」という概念に対する正統性を示唆するものと受け止められているが，その一つである「一般帰納的関数」を題材にしてその一面を指摘してみよう．

「一般帰納的関数」は変数値に対して関数値を算定していく手段を与えるものであるが，結果的に算定されるかどうかには言及しない．実際に，「一般帰納的関数」f が与えられたときにその特性関数すなわち「変数値に対して f の値が定まるとき1，定まらないとき0をとる関数」が「一般帰納的関数」であるという根拠はない．特性関数を認知せぬ「構成法」で解析学が説明できるとは著者には思えない．

ここでは発想を変えねばなるまい．「列」は正当化できると都合のよい手段であって，正当化せねばならない対象ではない．前述のCauchy列の話題を例にとると，実際問題として扱わねばならないのは「有界単調数列」

の名の下に捉えられている個々の対象であって「有界単調数列」という枠組みではないのである．

それでは解析学が正当化しなければならないものは何か？まずは有理数を出発点として，許容せざるを得ない操作を有限回組み合わせることにより生成していこう．前もって述べておくに，これから種々のものを正当化していくことの背骨となる考えが「方程式の解」である．そして許容せざるを得ない操作の第1は和と積であり，この段階で方程式の解として差や正数の逆数が正当化されることになる．実は他に平方根など代数方程式の解もこの範疇にあるのだがこれについては次の段落で述べる．

さて解析学の解析学たる所以は関数（写像）を扱うことであり，関数のうち最も基本的なものは変数そのもの（および定数関数）である．そして，関数を扱う必然の結果として代入（合成）を認知せねばなるまい．さらに方程式の解という観点からして逆関数・陰関数が（証明の便宜のためではなく，陳述にとっての必然性を伴った条件のもとで）正当化されねばならない．平方根は解析学の文脈ではこのように再認識される．この段階で正当化される関数はどれも加減乗除で生成される方程式で記述される代数的な関数の域を出ない．

超越関数（代数関数で表されない関数）の皮切りは対数関数および逆三角関数である（そのうち後者は実は前者の複素関数的解釈から派生すると見なされる）．こういった例を一般化して原始関数で表されるものが出現する．また指数関数，三角関数がこれらの逆関数として捉えられることは第0章に述べたとおりである．楕円積分・超楕円積分や両者の逆関数である楕円関数・超楕円関数のような関数はこうやって出現する．

もっとも以上挙げたもののうち逆関数に関してはこの段階ではもとの関数の像からの写像というに過ぎない．そこで実行上は0次連続関数を像の閉包にまで拡張することを許容せねばならない．この拡張操作を原始関数で与えられる関数に適用することで広義積分が認知される．それによってΓ関数やζ関数などが認知される．

結局のところ解析学が扱わねばならない関数の花形は微分方程式の解であろう．その皮切りが常微分方程式すなわち1変数の微分方程式の解を求めることである．これを原始関数で表すことは求積法と呼ばれ，いろいろな方程式族に対して発見されている．しかしこの筋書きで解決できるものは原理的に稀少であり，求積できないケースでもそれが原理的に不可能であることを確認するのは困難を極める．また，微分方程式に関しては「解が一意的に存在する」という目的にかなった有用な十分条件はあるが，必然性が説得できる条件を提示することが困難である．このような次第で，本書では微分方程式の解についての議論にまでは踏み込まないことにする．

ところで現代解析学は関数列の極限を重用しているが，本書では極限については積極的に扱ったものの,「列」については深入りしていない．「列」は微積分の生い立ちと共に自然発生し，感覚に訴えながら「証明」にまで深く関わってきた歴史がある．19 世紀はそのような素朴発想が悉く打ち砕かれた時代であった．そこで曖昧な用語を精査・洗練化した成果が「(後世いうところの素朴) 集合論」となるはずであったが，すぐさまその破綻が指摘された．その後，修正案が提示されたが 20 世紀前半に得られた一連の結果は「自然発想」をできるだけ温存したまま形式化しようというこの種の手法に微積分の盤石な基盤を求めることの不自然さを示唆しているといえよう．

本書では（広義）積分や微分方程式の解それ自体について考察するのが解析学の本義だという立場に立っている．このため「列」については必然性を帯びた「天性のもの」として理論の中心に据えることはせず，あくまで人間の素朴な感覚が共鳴してしまった人工物と位置づけることにした．正当化されれば便利，かつ多数派によって踏襲されてきたことをもって「自然」を標榜するのは筋違いであろう．それでも本書では関数列については関数系の特殊例としてその微積分を「変動過程，積分の連続性と累次積分」の章で扱っている．実際に，現在「列の極限」で表されている関数のうち興味深いものは元来，（偏）微分方程式の解（の極限）として捉えられる．もっとも前述したように本書では微分方程式についての組織的な議論は扱わない．これについても現在知られている事柄の多くは正当化されるであろうが，デリケートな議論では異なった展開を呼ぶかもしれない．いずれにしても本書が問題提起したことが契機となってこういった事柄にも再検討が進むことが期待される．

∞-2 実数体系の骨組み

ここでは有理数の体系については旧来の議論を援用する．まず，有理数系 $\boldsymbol{Q}$ はアルキメデス全順序体である．すなわち $S=\boldsymbol{Q}$ のとき次の性質をみたす．

アルキメデス：$\forall a,\ b\in S\quad a>0\quad\Rightarrow\quad\exists N\in\boldsymbol{N}\quad Na\geqq b$
全：$\forall a,\ b\in S\quad a\geqq b\quad\vee\quad a\leqq b$
体：$\forall a\in S\quad a\neq 0\quad\Rightarrow\quad\exists b\in S\quad ab=1.$

さて，実数の体系はどうか？実数として定積分で表される値を認知する以上，それらの大小を比較せざるを得ない．しかし2つの定積分 a，b に対して $a<b$，$a=b$，$a>b$ のどれに該当するかの判定を実行することは絶望的である（「等しい」か否かを判定するアルゴリズムは見あたらず，相加相乗平均を表す積分の関係のように摩訶不思議な等式が見つかることがある）．このような状況で「実数体系には全順序がついている」と唱えたところで，「現在どころか当分の間，破綻は指摘されまい」という経験則の域を出ない．そこで本書では「全順序」に代えて構成された対象の間で文言通りに実行できる陳述に変更し，旧来の公理を換骨奪胎した実数論を再構築することにする．そのため少し譲歩して次のことを認めよう．

全?：$\forall r\in\boldsymbol{Q}\quad\forall a,\ b\in S\quad r>0\quad\Rightarrow\quad[a\geqq b\quad\vee\quad a\leqq b+r]$
順序の $\boldsymbol{Q}$-漸迫律：

$$\forall a,\ b\in S\quad[\forall r\in\boldsymbol{Q}\quad r>0\quad\Rightarrow\quad a\leqq b+r]\quad\Rightarrow\quad a\leqq b$$

体?：$\forall a\in S\quad a>0\quad\Rightarrow\quad\exists b\in S\quad ab=1.$
（しかし，いつも「>」，「=」，「<」のどれかだとは言ってない．ところで $a>0$ は正式には $[\exists r\in\boldsymbol{Q}\quad a\geqq r>0]$ の意．）
アルキメデス：今決めた「>」のもとでは正当化できる

このように本書では「実数はそもそも誤差を引きずった存在である」と

いう立場に立つ．これを**スフマート**世界観と称する（sfumato（伊）ダヴィンチ・コードで有名になった，輪郭をぼかして描く図法，……という解説自体が「輪郭は本来はっきりしている」という認識に立っている．この手法を好んだ天才画家の意識はどうであったのか？）．スフマート世界観のもとでは「『≧』とは『>』∨『=』のことである」とか「『>』とは『≧』∧『≠』のことである」とは思いにくくなる．「>」と「≧」はどちらが本源的か？順序公理になじみやすいのは後者の方であると思われる．

スフマート世界観は論理・集合論に影響を及ぼす．すなわち「命題の否定」は注意して扱う．たとえば元が「属するか否か」であるとは断定できないが

$$S \subset A \cup B \quad \Leftrightarrow \quad \forall s \in S \quad [s \in A \quad \vee \quad s \in B]$$
$$S \subset A \cup B \quad \Rightarrow \quad [S \subset A \quad \vee \quad \exists s \in S \quad s \in B]$$

などは容認する（後述するように A と B が糊代つきの補集合の場合に注目）．ただし

$$[\forall n \quad S \subset A \cup B_n] \quad \Rightarrow \quad [S \subset A \quad \vee \quad \forall n \quad S \subset B_n]$$

という推論は行わない（仮にこれがあると，$\boldsymbol{Q}$-漸近律から全順序性が導かれる）．

∞-3　切断論

実数の構成方法とみなされている代表的なものを挙げて，これらを「単一性」と「実効性」の軸に配置してみよう．

前述したように有界単調数列は Cauchy 列と違って誤差に対する実効性がない．Cauchy 列のもつこの長所を獲得したのが縮減区間の列である．これは上端と下端が生成する本質的に 2 つの列を用い，Cauchy の条件そのものを持ち込んだものである．これらの中では実効性を盛り込みながらすっきりしているという点で Cauchy 列に軍配が上がるであろう．

ところで，こういった列による記述では一つの実数に対応する列の多様性に注意せねばならない．こういった記述から実数を特定するには列の同値類が用いられており，対象となる列の総体に比肩するほど多くの列が「同一視」される．一つの実数は一つの列では負担できないほどの列を背景に帯びているのである．こういった多義性を解消して単一化の方向に進んだものが切断である．そこで実数の体系 $\boldsymbol{R}$ を傍観者的に眺めて，その特徴を捉えたのが **Dedekind の切断**である．これは実数を空でない集合 $A(-)$，$A(+)$ に分け，次のことを要請している．

$$A(-)\cup A(+)=\boldsymbol{R},\ A(-)\cap A(+)=\phi$$
$$x\in A(-),\ y\in A(+)\Rightarrow x\leqq y$$

ここで「下部集合 $A(-)$ が最大元をもつ」と「上部集合 $A(+)$ が最小元をもつ」の 2 つの性質に注目する．そしてこの 2 つの性質のうちちょうど一方が成立するのが実数の特徴である…というのである．ところでこの 2 つの性質は両立し得ず，一方の性質をもつ切断からもう一方の性質をもつものが生成される．すなわち実数に対する Dedekind の切断は本質的に二重に数えられることになる．

さてこの二重性を解消してみよう．また，$A(-)\cup A(+)=\boldsymbol{R}$，$A(-)\cap A(+)=\phi$ には「すべての点は集合 S に属するか属さないかのどちらか一方である」という諦観が隠れている．そこで少々見方を変え，まずは $\boldsymbol{R}$ ではなく $\boldsymbol{Q}$ の切断を考える．$\boldsymbol{Q}$ の部分集合 $A(-)$ と $A(+)$ の対 $A=(A(-),\ A(+))$ は次の性質をみたすとき $\boldsymbol{Q}$ の**前切断**という：

$$x\in A(-)\quad\Rightarrow\quad[y\in A(+)\quad\Rightarrow\quad x\leqq y]$$
$$y\in A(+)\quad\Rightarrow\quad[x\in A(-)\quad\Rightarrow\quad x\leqq y].$$

$A(-)$ と $A(+)$ は A のそれぞれ下部集合，上部集合という．$\boldsymbol{Q}$ の前切断は次の性質をみたすとき**切断**であるという：

$$x \in A(-) \quad \Leftrightarrow \quad [y \in A(+) \quad \Rightarrow \quad x \leqq y]$$
$$y \in A(+) \quad \Leftrightarrow \quad [x \in A(-) \quad \Rightarrow \quad x \leqq y].$$

ところでCauchy列がもっていた実効性という点で（前）切断には物足りない一面がある．そこで $(A(-),\ A(+))$ が次の条件をみたすとき，前切断のときは**実効的前切断**，切断のときは**実効切断**という：

$$\forall \varepsilon > 0 \quad \exists a^{\pm} \in A(\pm) \quad a^{+} - a^{-} \leqq \varepsilon.$$

切断は列に比べて大きな集合上での言明に基づいているとして敬遠されるのが実情である．ところで列を扱う立場では有理数集合には番号付けが可能であり，その意味では本書でいう「切断」に現れる「有理数が上部（下部）集合に属する」という言明はすでに列の一員と解釈できるのである．

例 1

a を有理数とするとき $(\{x | x \leqq a\},\ \{y | y \geqq a\})$ は切断を表す．この切断を簡便に有理数 a と同じ表記をすることもある．ところで旧来の書物にあるDedekindの切断でこの例に対応するものは $((-\infty,\ a],\ (a,\ +\infty))$ と $((-\infty,\ a),\ [a,\ +\infty))$ の2通りである．

切断 $A=(A(-),\ A(+))$ と $B=(B(-),\ B(+))$ に対して $A(-) \subset B(-)$ であるとき $A \geqq B$ と表す．またこのことと $B(+) \supset A(+)$ であることは同値である．$A \geqq B$ かつ $A \leqq B$ のときは $A=B$ と表す．

問　関係 $\geqq$ が切断の全体に順序関係を与えることを示せ．

∞-4　切断の基本性質

一般に $\boldsymbol{Q}$ の部分集合 S に対して $\boldsymbol{Q}$ の部分集合 $S^{\pm}$ を次のように定める：

$$S^{-} = \{x \in \boldsymbol{Q} | y \in S \quad \Rightarrow \quad x \leqq y\}$$

$$S^{+}=\{y\in \boldsymbol{Q}\,|\,x\in S \quad\Rightarrow\quad x\leqq y\}.$$

【定理】

$\boldsymbol{Q}$の部分集合Sに対してSはS^{+-}，S^{-+}の部分集合であり，$S^{+-+}=S^{+}$，$S^{-+-}=S^{-}$である．

証明

まずSの元sはS^{+}の任意の元yに対して$s\leqq y$をみたすのでS^{+-}に属し，同様にS^{-+}に属する．したがってS^{+}は$(S^{+})^{-+}$の部分集合であるが，$(S^{+-})^{+}$の元yはS^{+-}の任意の元xに対して$x\leqq y$をみたすので特にSの元xに対してもみたす．すなわちyはS^{+}の元であり，同様にS^{-+-}の元はS^{-}の元である． ■

例 2

$\boldsymbol{Q}$の正の値をとる単調減少数列$\{a_n\}$に対して$A=\{a_n\,|\,n$：自然数$\}$とする．ここで$C(-)=A^{-}$，$C(+)=A^{-+}$と定めると$(C(-),\ C(+))$は切断である．

上に述べたように切断というだけでは必ずしも下部集合と上部集合の境目を実効的に見せるわけではない．といっても実効的でないことが確認できる切断は∞を表す$(\boldsymbol{Q},\ \phi)$と$-\infty$を表す$(\phi,\ \boldsymbol{Q})$の2つ以外には具体的には見つからない．例2は正にそのような悩ましい切断を与えている．

実効的前切断の切断化定理　$X=(X(-),\ X(+))$を$\boldsymbol{Q}$の実効的前切断とする．このとき$U(-)=X(+)^{-}$，$U(+)=X(-)^{+}$と定めると，$U=(U(-),\ U(+))$は切断である．また$V=(V(-),\ V(+))$を$\boldsymbol{Q}$の実効切断とする．今

$$\forall x^{-}\in X(-)\ \exists v^{-}\in V(-)\ x^{-}\leqq v^{-}$$

であれば$U\leqq V$である．

証明

まず，前切断の定義により $X(\pm)\subset U(\pm)$ である．今，$U(-)$ の元 u^- および $U(+)$ の元 u^+ が与えられたとする．ここで正の有理数 ε に対して $x^-\in X(-)$，$x^+\in X(+)$ で $x^+-x^-\leqq\varepsilon$ をみたすものをとると $u^+\geqq x^-\geqq x^+-\varepsilon\geqq u^--\varepsilon$ である．すなわち任意の正の有理数 ε に対して $u^+\geqq u^--\varepsilon$ であることから，この $(U(-),\ U(+))$ は前切断である．また $\boldsymbol{Q}$ の元 q が $U(-)$ の任意の元 u^- に対して $q\geqq u^-$ をみたせば，その部分集合 $X(-)$ の任意の元 x^- に対しても $q\geqq x^-$ をみたす．よって q は $U(+)$ の元となる．$\pm$ を逆転させても同様のことがいえるので，U は切断をなす．

後半については，$U(+)=X(-)^+\supset V(-)^+=V(+)$ となり $U\leqq V$ を得る．

■

この定理前半で構成された切断 U を実効前切断 X の**切断化**という．

∞-5　実効切断の演算と関数

$A=(A(-),\ A(+))$，$B=(B(-),\ B(+))$ を実効切断とする．ここで前切断 $X=(X(-),\ X(+))$，$Y=(Y(-),\ Y(+))$ を

$$X(-)=\{\{a^\pm+b^\pm\}^-\,|\,a^\pm\in A(\pm),\ b^\pm\in B(\pm)\}$$
$$X(+)=\{\{a^\pm+b^\pm\}^+\,|\,a^\pm\in A(\pm),\ b^\pm\in B(\pm)\}$$
$$Y(-)=\{\{a^\pm b^\pm\}^-\,|\,a^\pm\in A(\pm),\ b^\pm\in B(\pm)\}$$
$$Y(+)=\{\{a^\pm b^\pm\}^+\,|\,a^\pm\in A(\pm),\ b^\pm\in B(\pm)\}$$

と定める．以下 $\{\ \ \}$ の中の複号は集合ごとに独立に選ぶものとし，その右肩の $-$ は復号の選択すべてをわたる最小値，$+$ は最大値を表すものとする．このとき X，Y それぞれの切断化を A と B の和，積といい $A+B$，AB と表す．

両演算の法則については次節で解説するものとして，ここではいくつかの関数について切断の側面から述べておこう．本章の前文で述べたように微積分を運用するには逆関数や陰関数が必要になる．ところで陰関数は多変数の逆写像を制限したものである．さて逆写像はというと被覆度が ±1

の点がなす集合の閉包上に形式的に定義できるが，その座標値が実効切断として認識できることは（9-3）0次同相写像定理により保証できる．

微積分を円滑に展開するには場合分け関数について述べねばなるまい．伝統的な数学では実数は例えば負の部分と非負の部分に分割でき，それぞれに対して値0，1を与えることができる．しかし本書のスフマート世界観では端をそんなにくっきり分けたものを「関数」として積極的に認定することはしない（向きの付いた広さについては被覆度の広義積分と規定したが，境目での値については曖昧なままで十分である）．有限個の単体で定義された個々の0次連続関数が互いに境界に於いて一致しているとき，複体全域の0次連続関数に拡張される（もちろん無限個の単体にすると全体が0次連続になる保証がないのは旧来の結論と何ら変わっていない）．

この定義により例えば$|x|$などが出現する．とはいえすべての実数が$x \geqq 0$と$x \leqq 0$のどちらかに属すると認めないで本当に0の近辺の実数すべてに定義されたのかという疑問はもっともである．ただ，それについては値を実効切断として正当化できることを指摘しておこう．同工異曲に三角関数がある．本書では三角関数を逆三角関数の逆関数と規定している．これによると三角関数は第一義的には有界な基本区間で定義され，あとは拡張によって生成される（実際に中等教育で最初に導入されるとき，角度は0度と90度の間となっている）．

ところで微積分の導入部分では$\sin x^{-1}$，$x \sin x^{-1}$，$e^{-\frac{1}{x}} \sin x^{-1}$などの悩ましい関数が$x>0$において出現するがこれらは場合分け関数によって正当化されたのであろうか？実はそうはなっていないのである．本書では0次連続関数の定義域は有界である．したがって$|x|$にしても$\sin x$にしても定義されたのは有界な範囲であり，上に挙げたような関数は0から一定以上離れた区域でしか正当化されていない．これを$x=0$の近辺にまで規定するには無限列の導入が必要である．

無限列が孕む危うさについてはこの章の始まりで指摘したとおりである．それでは本書はこの有用な手段である無限列を認知しないのかと言われると，返答は微妙にならざるを得ない．無限列で与えられる切断に値をもつ関数が与えられたときにはそれを論じることができる．しかしその無限列が正当化できるか否かについては言及しないし，話題になっていない無限列をわざわざ導入して説明することはしない．これが本書のスタンスである．

∞-6　実効切断の演算法則

和・積が交換律をみたすことは容易に分かるので，ここでは結合律・分配律について述べる．

切断の結合律定理　切断の和·積は結合律をみたす．

証明

次のように定める：

$$U(-) =\{\{a^{\pm}+b^{\pm}+c^{\pm}\}^{-} \mid a^{\pm}\in A(\pm),\ b^{\pm}\in B(\pm),\ c^{\pm}\in C(\pm)\}$$
$$U(+) =\{\{a^{\pm}+b^{\pm}+c^{\pm}\}^{+} \mid a^{\pm}\in A(\pm),\ b^{\pm}\in B(\pm),\ c^{\pm}\in C(\pm)\}$$

$$V(-) =\{\{a^{\pm}b^{\pm}c^{\pm}\}^{-} \mid a^{\pm}\in A(\pm),\ b^{\pm}\in B(\pm),\ c^{\pm}\in C(\pm)\}$$
$$V(+) =\{\{a^{\pm}b^{\pm}c^{\pm}\}^{+} \mid a^{\pm}\in A(\pm),\ b^{\pm}\in B(\pm),\ c^{\pm}\in C(\pm)\}.$$

さて $(V(-),\ V(+))$ は実効的前切断をなすので，その切断化を V とする．ここで

$$\{a^{\pm}b^{\pm}c^{\pm}\}^{-} \leqq \{\{a^{\pm}b^{\pm}\}^{\pm}c^{\pm}\}^{-}$$

より $V(\pm)$ がなす実効的前切断の切断化 V は $V\leqq(AB)C$ をみたす．同様に $V\geqq(AB)C$ となるので $V=(AB)C$ を得る．同様に $V=A(BC)$ が得られる．

和の結合律も同様に確認できる．■

切断の分配律定理　切断の和と積は分配律をみたす．

証明

$\{x^{\pm}+y^{\pm}\}^{-}$，$\{x^{\pm}+y^{\pm}\}^{+}$ がそれぞれ $x^{-}+y^{-}$，$x^{+}+y^{+}$ と表せることを念頭に置いて，次のように定める：

$$W(-)=\{\{(a_1{}^{\pm}b^{\pm})^{-}+(a_2{}^{\pm}c^{\pm})^{-}\mid a_1{}^{\pm}\in A(\pm),\ a_2{}^{\pm}\in A(\pm),\ b^{\pm}\in B(\pm),\ c^{\pm}\in C(\pm)\}$$

$$W(+)=\{\{(a_1{}^{\pm}b^{\pm})^{+}+(a_2{}^{\pm}c^{\pm})^{+}\mid a_1{}^{\pm}\in A(\pm),\ a_2{}^{\pm}\in A(\pm),\ b^{\pm}\in B(\pm),\ c^{\pm}\in C(\pm)\}.$$

ここで $a^{-}=\max\{a_1{}^{-},\ a_2{}^{-}\}$，$a^{+}=\min\{a_1{}^{+},\ a_2{}^{+}\}$ と定めると 1 次式の単調性より $i=1,\ 2$ に対して $(a_i{}^{\pm}b^{\pm})^{-}\leqq(a^{\pm}b^{\pm})^{-}$ より

$$\begin{aligned}&(a_1{}^{\pm}b^{\pm})^{-}+(a_2{}^{\pm}c^{\pm})^{-}\\ \leqq&(a^{\pm}b^{\pm})^{-}+(a^{\pm}c^{\pm})^{-}\\ \leqq&(a^{\pm}(b^{\pm}+c^{\pm}))^{-}\end{aligned}$$

を得る．このことから $W(\pm)$ の切断化 W は $W\leqq A(B+C)$ をみたす．同様に $W\geqq A(B+C)$ となるので $W=A(B+C)$ を得る．■

ところで実効切断 A と有理数 0，1 で表される実効切断とのそれぞれ和・積は A に一致する．また $B(-)=\{-a^{+}\mid a^{+}\in A(+)\}$，$B(+)=\{-a^{-}\mid a^{-}\in A(-)\}$ がなす切断 B は $A+B=0$ をみたす．さらに実効切断 A が正値すなわち $A(-)$ が正の実数を少なくとも 1 つもつときは実効切断 C を

$$\begin{aligned}&C(-)=\{x\in\boldsymbol{Q}\mid \forall a^{+}\in A(+)\quad x\cdot a^{+}\leqq 1\}\\ &C(+)=C(-)^{+}\end{aligned}$$

により定めると，$CA=1$ が成立する．

問　上に述べたことを確認せよ．

<問題>

$S=\{x^2\leqq 3|x\in\boldsymbol{Q}\}$ に対して $(S^{+-},\ S^{+})$ は2乗すると3になるか？

問 A, X, Y を実効切断とし $X\leqq Y$ と仮定する．このとき $A+X\leqq A+Y$ であること，またさらに $A\geqq 0$ であれば $AX\leqq AY$ であることを示せ．

∞-7　集合，その広さと切断

本書では実数とは本来的に誤差を伴った存在として捉えている．それ故に元が「その集合に属する」という記述はされるがすべての実数に対して「その集合に属するか否か」という設問には必ずしも返事できるとは認めていない．ただ，誤差分の不確定さを残しながらも

$$S\subset A\cup B \quad \Leftrightarrow \quad \forall s\in S \quad [s\in A \quad \vee \quad s\in B]$$
$$S\subset A\cup B \quad \Rightarrow \quad [S\subset A \quad \vee \quad \exists s\in S \quad s\in B]$$

という判定が可能だと認める立場に立つ．特に前半は合併の定義である．後半については A, B として中心を共有しサイズの異なる2つの立方体(ただし空間と同次元で座標に忠実な向きをもつ）が与えられたときの大立方体の内部と小立方体の外部というケースは重要である．本書では集合の広さは有限個の矩体による被覆で計られ，その限界を知るには「細分」が必要になる．このとき文字通り実行するには境目に糊代ができるようなものを選ぶことになる．中心を固定した上で任意のサイズに対してこれが適用されることは S が「中心の点を要素とするか否か」をスフマート的に判定しているといえよう．ただ実行上は少々煩雑になるので，空間より低い次元の広さを扱うまでは便宜的に糊代のないものを用いることにした．

スフマート的にしか捉えられないものには第9章で扱った「被覆度」もあり，これは本質的に定義されない点をもつ．もっともこれに対する我々の関心は主にこの値の広義積分値にあって，これが正当化される状況であれば「全域で定義できてはいない」こと自体は直接的な阻害要因にはならない．

さて実数の曖昧さは集合の曖昧さを喚起したが，有界集合の広さに関する議論はさらなる不鮮明性を帯びざるをえない．有界集合の広さは矩体被覆の大きさの下限と定めたが，これは有理数集合の中で上界のなす部分集合を上部集合とする切断と捉えられる．ただ「集合」概念を構成的に規定していない以上はその実効性を保証するすべはない．それゆえ広さに関する議論は広さの実効性が保証できる集合に限られる．もっともいくつかの基本的な構成法に基づく集合の広さは実効切断をなす．集合は，その広さが実効切断で実現できることをもって広さが確定しているとみなす．

ところで我々が素朴に知覚している量は元来すべてが一般的に正当化されるというものではない．非負値関数の広義積分は有限に収まるわけではないし，空間より低い次元の広さは有界の範囲に収まるときでさえも振動という不安定性要因を抱えている．後者については広さとはパラメータ r についての変化を孕んだ量であってその大小比較を許容誤差 ε に応じて

$$\forall\varepsilon>0 \quad \exists r_0>0 \quad \forall r \quad 0<r\leqq r_0 \quad \Rightarrow$$

という文脈で実効的な前切断に値をもつ関数と捉えるべきものと考える．その意味では 0 次連続関数の積分は自動的に正当化され線型性は保証される．

広さと極限の交換などのさらなることについて考えると，断面が変化するときに「同じ r」で比較することの意味が薄れてくる．そこでまずは $r=0$ の近くでの安定性，すなわち実効切断としての正当性が問題になる．この性質は直積では無条件に，また積分についても「細分系をもつ集合上の 0 次連続関数」という枠組みのもとでは伝播する．もっとも「細分系をもたないが広さが確定する」ということがそもそもあるのかどうかは現時点では不明である．積分と極限の交換では「変動細分系」をもつこと，さらに累次積分では変動細分系の「重層性」のもとで保証される．また広義積分が実効切断（必然的に有限）として正当化できる条件についても，極限関数の広義積分とリンクした形で低次元の広さも含めた意味で掌握できていることが見て取れるであろう．

あとがき

本を書いているというと対象読者はどのあたりかと問われる．これがひどく答えにくい．忖度するに質問者の意図は読者の将来像すなわち，数学を専門とするのか，理工系の道でどんどん計算をするのか，あるいはもっと一般人であって世の中が科学で支えられその根幹に数学があることを実感しようという心がけのいい人々か…といったところにあるのに相違ない．あるいは，もっと露骨にいえば読者の予備知識としてどの程度のレベルを要求するかということなのであろう．もちろん胸中には期待する読者像があるのだが，これが見事にこの枠組みから外れている．仕方がないから「納得しない人のための」というサブタイトルを付けることにした．「納得しない人」とは「呑み込みの悪い人」のつもりである．それをさらに「能力が不十分な人」と思うのは「呑み込みのいい」解釈である．

知り合いの化学者に「区間上の関数の微分が0になるなら元の関数は定数に限る」と言ったところ「そりゃぁ，そうだろう」という返事が返ってきた．そこで，現代数学の立場に立つとこの陳述は最大値の原理に立脚し，その証明は「区間を2分割してその左右の一方から適切なものを選ぶ」という操作を無限に続けその極限点が存在することに帰している…と説明すると，少々複雑な表情で押し黙る．いわゆる理工系の人々の中には結構なレベルの数学を健全に使いこなし，0の原始関数が定数であることを保証できなければ定積分に関する定番の計算が崩れ落ちることを重々了解している人がかなりいるに相違ない．こういった人々が切実に願うのは個々の卑近な実例に適用できる納得のいく解明である．さほど複雑でもない実例に対して遂行できない「証明」やそれで肉付けした伝統的な理論体系に固執する理由はあるまい．さらに言えば納得しない人の最右翼，不動点定理・次元論のブラウワーに「呑み込みの悪い人」＝「能力が不十分な人」説を当てはめる人はあるまいし，ルベーグ積分のルベーグ本人が身を置いた立場も「呑み込みのいい」ものではなかったように見える．

「そんな極端な例を出してどうするのだ．（＊＊以外の切り抜け方は現時点では開発されていないし，このやり方が破綻をきたすことは想定できない)」という言い分(＆陰の声)はまさに「呑み込みの悪い人」＝「能力が不十分な人」説につながる．この発想はあらゆるところで権威を構成するのだが，実際には「十分な想定能力をもつ者には呑み込めない」だけであったということが当事者以外には明白になることも稀有ではない．ことあるごとに時の責任者が「あってはならないことが起きて…」と見事なくらい息を合わせて神妙気に頭を下げてみせるのを何度見てきたことか．それにひきかえ我々が根拠としてしまった事柄について他人任せにせず，深刻に向き合った先人たちは想定能力の低さを危惧していたのであろう．そしてこういった「呑み込みの悪い」人々が感じる気持ち悪さは本音では誰もが一度は感じていたに相違ない．その後呑み込んだ人，付き合いきれないと離れていった人，違和感を残したまま関わり続けた人…人さまざまというほかあるまい．

汝はどうかと問われるであろう．学生時代は何やら違和感を覚えることもあったが，それでどうできるわけでもない．まずは鵜飼いの鵜の如く生呑み込みしながら，余り関わらない道を選んだ…はずだった．職に就いた頃に先輩に雑談の中で，専門でない学生が玄妙なところまで質問したときには「そこまでは君に要求されないから専門家に任せておきなさい」と返事するのだと言われた．そんなものかと耳の奥にしまっておいたが，果たせるかなその場面がやってきた．冷や汗を隠しながらこの一言で切り抜けたが，どう見ても違う．許した相手は学生ではない，己自身である．

それで専門外ではあるができるだけ分かっておこうとして，微妙になると先達に尋ねるようにした．最初のうちは「ほうほう」と顔をほころばせていた先達も，そのうちに口が重くなり，やがて首をかしげるようになってしまった．そうなると本当に知るには自分で解決するしかないと気づいた．しかし，微積分の全部を明快になどできるわけがない，一生のうちに無理でもしかたない…と諦めつつ，問題点を寝かせていた．それが五十路にさしかかるころ急に展開を見せ，旧来のしがらみを総決算すれば救うべき元来の微積分はより単純に正当化できると確信するようになった．つまり，結局は全部を呑み込むのを諦め，一部吐き出してしまったということになる．

というわけで議論は振り出しに戻ることになる．本書は呑み込みの悪い自分を説得するための悪戦苦闘の記録である．そしてこれくらい呑み込みの悪い人間が納得できるならほとんどの人が納得できるだろうという自負をもって人々に勧めるものである．重ねて述べる．これは決して「能力が不十分な人」が安直に呑み込めるようになることを目的とはしていない．また数学特有の記述に拒否反応を見せる人を説得しようというものでもない．数学の流儀に沿って何度まじめに試みても腑の底からは納得できなかったという人であれば，いわゆる「落ちこぼれ」からブラウワーまで差別はない．逆に現在供されている数学に満足している人に乗り換えを勧めるものでもない．現代数学が不要な神秘的説明を行い，結果的に正しい卑近な計算を正当化していない…と不満を持ったときに開いてみれば十分なのである．

ところで本書は「理系への数学」において 2001 年 2 月号から 2002 年 1 月号まで連載したものを下敷きとしている．その趣旨は「微積分」と「実数論」の分離であり，これが一応達成できたので連載を申し出たものである．当時の社長からは一度お電話を頂いたのでその折に，これが現代数学の大勢を占める世界観に対し異説を唱えるものであることを説明し，ご納得頂けるのかと念を押したものである．それに対して「確かに常識的なものの方が営業上は安心だが，こういうものを取り上げるのも使命だと考えている」という心強いお返事に胸が熱くなったのを記憶している．そして先代のこの気概が現社長に受け継がれて，単行本化が実現したことには何やらこみ上げてくるものを覚える．

本書の実現にはさらなる伏流がある．それが顕在化したのは連載の 3 年ばかり前，京都大学の一松信名誉教授との往復書簡である．このやりとりは新たなセミナーとして，何人かの有志を巻き込んで大阪大学において不定期的に開催された．このセミナーは連載をもって一応の区切りを迎えたが，その後も燻り続ける何物かに憑かれて再開した．連載で示せたのは「旧来あったものは説明できる」ということであり，「曲線・曲面の広さ」，「広義積分と極限の交換可能条件」など旧来ちぐはぐであったり必然性が感じられなかったりしたものには抜本的な改良が要るように思われた．そしてこういった点を克服するのに更なる 10 年を要したことになる．さて著者の数学的世界観はこのセミナーを始めてから幾度も変化してきているが，これを反映するようにセミナー参加者も著者の試みに深く共鳴する人から戸惑いを残したままの人まで多様である．したがってすべての人のお名前を挙げることも線引きをすることも控え，各位のご厚意に深奥よりの感謝の意を表すことにする．

索　　引

（語幹に関して五十音順）

■な行

■は行

■ま行

■や行

■ら行

■記号

著者紹介：

山﨑洋平（やまさき・ようへい）

1947 年　富山市生まれ
1970 年　大阪大学理学部数学科卒
1975 年　大阪大学大学院理学研究科博士課程単位取得
同年より　大阪大学勤務（理学部、医療技術短期大学部、教養部、
理学部、大学院理学研究科）
2012 年　定年退職予定
理学博士（京都大学・数理解析専攻）

納得しない人のための
微分・積分学（再）入門

2012 年 3 月 14 日　初版第 1 刷発行

著　者　山﨑洋平
発行者　富田　淳
発行所　株式会社　現代数学社
〒 606-8425　京都市左京区鹿ヶ谷西寺ノ前町 1
TEL&FAX 075（751）0727　振替 01010-8-11144
http://www.gensu.co.jp/

検印省略

印刷・製本　株式会社　合同印刷

ISBN978-4-7687-0350-2